發現問題的思考術

正確的設定、分析問題，
才能真正解決問題

10 週年紀念版

問題発見プロフェッショナル──「構想力と分析力」

Professional Problem Finding

Conceptual & Analytical Skills

齋藤嘉則——著

郭菀琪——譯

MONDAI HAKKEN PROFESSIONAL KOSORYOKU TO BUNSEKIRYOKU
by SAITOH Yoshinori
Copyright © 2001 SAITOH Yoshinori
Originally published in Japan by DIAMOND, INC., Tokyo.
Chinese (in complex character only) translation copyright © 2009 by EcoTrend Publications,
a division of Cité Publishing Ltd.
Published by arrangement with DIAMOND, INC., Japan through THE SAKAI
AGENCY and BARDON-CHINESE MEDIA AGENCY.
ALL RIGHTS RESERVED.

經營管理 62

發現問題的思考術（10週年紀念版）

正確的設定、分析問題，才能真正解決問題

作　　　者　齋藤嘉則
譯　　　者　郭菀琪
責 任 編 輯　林博華
行 銷 業 務　劉順眾、顏宏紋、李君宜

總　編　輯　林博華
發　行　人　凃玉雲
出　　　版　經濟新潮社
　　　　　　104台北市中山區民生東路二段141號5樓
　　　　　　電話：(02) 2500-7696　傳真：(02) 2500-1955
　　　　　　經濟新潮社部落格：http://ecocite.pixnet.net
發　　　行　英屬蓋曼群島商家庭傳媒股份有限公司城邦分公司
　　　　　　104台北市中山區民生東路二段141號11樓
　　　　　　客服服務專線：02-25007718；25007719
　　　　　　24小時傳真專線：02-25001990；25001991
　　　　　　服務時間：週一至週五上午09:30~12:00；下午13:30~17:00
　　　　　　劃撥帳號：19863813　戶名：書虫股份有限公司
　　　　　　讀者服務信箱：service@readingclub.com.tw
香港發行所　城邦（香港）出版集團有限公司
　　　　　　香港灣仔駱克道193號東超商業中心1樓
　　　　　　電話：(852) 25086231　傳真：(852) 25789337
　　　　　　E-mail: hkcite@biznetvigator.com
馬新發行所　城邦（馬新）出版集團 Cite (M) Sdn Bhd
　　　　　　41, Jalan Radin Anum, Bandar Baru Sri Petaling,
　　　　　　57000 Kuala Lumpur, Malaysia.
　　　　　　電話：(603) 90578822　傳真：(603) 90576622
　　　　　　E-mail: cite@cite.com.my
印　　　刷　一展彩色製版有限公司
初 版 一 刷　2009年3月10日
二 版 一 刷　2019年3月19日

城邦讀書花園
www.cite.com.tw

ISBN：978-986-97086-6-1

定價：450元

Printed in Taiwan

〈出版緣起〉

我們在商業性、全球化的世界中生活

經濟新潮社編輯部

　　跨入二十一世紀，放眼這個世界，不能不感到這是「全球化」及「商業力量無遠弗屆」的時代。隨著資訊科技的進步、網路的普及，我們可以輕鬆地和認識或不認識的朋友交流；同時，企業巨人在我們日常生活中所扮演的角色，也是日益重要，甚至不可或缺。

　　在這樣的背景下，我們可以說，無論是企業或個人，都面臨了巨大的挑戰與無限的機會。

　　本著「以人為本位，在商業性、全球化的世界中生活」為宗旨，我們成立了「經濟新潮社」，以探索未來的經營管理、經濟趨勢、投資理財為目標，使讀者能更快掌握時代的脈動，抓住最新的趨勢，並在全球化的世界裏，過更人性的生活。

　　之所以選擇「經營管理─經濟趨勢─投資理財」為主要目標，其實包含了我們的關注：「經營管理」是企業體（或

非營利組織）的成長與永續之道；「投資理財」是個人的安身之道；而「經濟趨勢」則是會影響這兩者的變數。綜合來看，可以涵蓋我們所關注的「個人生活」和「組織生活」這兩個面向。

這也可以說明我們命名為「**經濟新潮**」的緣由——因為經濟狀況變化萬千，最終還是群眾心理的反映，離不開「人」的因素；這也是我們「以人為本位」的初衷。

手機廣告裏有一句名言：「科技始終來自人性。」我們倒期待「商業始終來自人性」，並努力在往後的編輯與出版的過程中實踐。

作者簡介

齋藤嘉則

Business Collaboration公司負責人。1979年畢業於東京大學工學部，曾任職於大型建設公司，之後於倫敦經濟學院（LSE）獲經濟學碩士。曾任職於麥肯錫顧問公司（McKinsey & Company），擔任日本企業、外資企業的各事業領域的全公司診斷、經營策略、組織改革的顧問，接受諮詢的領域相當廣泛。1996年開始擔任Business Collaboration公司負責人，為大型企業的經營策略或行銷策略提供諮詢，並研發可強化企業策略平台的策略技巧，並從事高階管理教育及問題解決技巧的訓練。

他的著作有：《策略思考的技術》、《發現問題的思考術》（以上經濟新潮社出版）、《問題解決專家》等等；其他還有監譯日文版《策略巡禮》（*Strategy Safari*, Henry Mintzberg等著）。

譯者簡介

郭菀琪

東吳大學日本文化研究所碩士，日本埼玉大學地域文化研究科日本語學碩士。曾任職於電視及雜誌媒體、科技公司、法律事務所擔任翻譯及口譯工作。譯作有《邏輯思考的技術》《發現問題的思考術》《策略思考的技術》《CURATION策展的時代》《給設計以靈魂》《麥肯錫教我的思考武器》（以上皆經濟新潮社出版）。

第5章
掌握「深度」，以結構來掌握問題並將問題具體化

前言
你需要有發現問題的智慧

◆為什麼那會是問題?

在針對企業的經營課題進行諮詢或解決問題的訓練時，在思考解決方案之前，時常會遇到「對問題的認識太淺」、「對問題的認識有所錯誤」或「即使解決了仍不斷有無法處理的問題產生」之類的狀況。簡而言之，就是「無法確實且具體地發現問題」。

對於那些「找不到解決方案」的苦主，你試著問他們：「那真的是非解決不可的問題嗎?」就會看到苦主露出驚訝的表情回答：「當然啦。上面的人叫我趕緊把問題解決掉。」然後，你再問：「原來如此。不過，為什麼那會是問題呢?」對方就答不出話了。然後再過幾天，可能會收到對方用開朗的聲音聯絡說：「後來我仔細想過之後，那並不是問題所在。問題在別地方。」這種時候，讓當事人自己思考一下我所提示的「為什麼那會是問題呢?」，當事人自己就得出「其實那不是問題」的結論，這樣真是皆大歡喜。

◆急著決定解決方案，可能會適得其反

　　但是在大多數的時候，幾乎沒有機會被人問或自問自答「為什麼那會是問題呢？」。與其懷疑問題本身，一般人通常會滿腦子只想著要找出解決方案。畢竟只要找到解決方案，就沒事了。因此，人們會為了一些沒有必要解決的問題，花了太多的時間尋求解決方案而浪費時間，或者讓自己陷入拼命想處理根本解決不了的瑣碎問題的情況。而另一方面，只去解決容易處理的問題的情形也很多。

　　時下對於收到的課題不抱懷疑，想都不想那是否是該解決的問題就直接尋求解決問題，或是只處理容易解決的問題，可以說其原因在於日本的教育。日本從小學開始到高中及大學畢業為止，幾乎一直都在學「如何**最有效率地**解決**接收到的問題**」。其結果，為了在有限的時間內取得高分，大家學到了要從會解決的問題開始下手的習慣，以及對於接收到的問題毫不懷疑，總之先拼命去解決的習慣，所以才會放棄最後花時間慢慢處理難題，或自己設定問題並謀求解決的這些動作吧。

　　剛才提到了日本教育，其實，美國MBA的課程，也有類似之處。無論說得好聽或說得嚴苛，都是屬於「解決方案取向」：「分析現狀，設定課題，導出解決方案」。光看這部分，看似經過確實掌握問題之後才導出解決方案，所以應該沒有任何不對之處。但是這樣的思維是基於只要學得許多知識並沿著一些架構準則確實進行分析，必然可以推導出

「課題設定」（問題本身）當中是否有錯的想法，但若在架構準則或分析中所疏漏的問題，就會看不見，而且也被排除在上述思維之外。這種乍看之下似乎是主動的思考方式，卻因為只適用於所賦予的框架裏，只根據所接收到的資訊掌握問題，從這個層面來看，本質上就是一種被動的思考方式。好不容易經過努力才取得MBA，卻只學到這種掌握表層問題的能力的話，即使擁有許多分析工具，具備讓對方啞口無言的辯論能力，仍不能稱為真正的問題解決者（problem solver），而且也無法勝任能看穿企業固有問題的顧問角色。

◆問題必須「共有化」到某個程度

即使確實地指出問題，但在企業裏面，立場不同的各種相關人員之間若沒有將問題共有化，就無法使之成為必須去處理的問題。企業的相關人員之間若能將問題共有化，能夠聚焦的話，問題幾乎就已經解決了一大半。那是因為接下來要做的只剩下運用有限的經營資源和技能，將所有的智慧盡出以解決該問題了。

但是若沒有將問題共有化，解決方案及各個問題本身都會很分歧。如果對於各個解決方案的資源分配不充分的話，執行也將不夠充分而無法貫徹，失敗的比率極高。現在公司內的內部網路化，大概都已經進行了資料庫上的資訊共有化，但許多企業仍無法做到這種「問題的共有化」。從這個層面來看，現在跟以往相比完全沒有進步。

　　如果問起顧問所需要的最低限度的能力是什麼，那就是問題發現力與分析力，以及基於上述能力有系統地提出解決方案方向性的能力。這些能力在某個程度上可以透過訓練而得到。而且，我們也可以針對「在公司內，問題可以在某個程度上共有化」提供一些建議。但是，在那之後，還必須靠各個商業負責人積極地處理問題的共有化才行。如果沒有積極地將問題共有化，各式各樣的問題與互不協調的解決方案結果只是白白佔用資源的情況，恐怕將一直延續下去。

◆培養「發現問題的能力」

　　發現問題與分析問題的能力，是可以透過訓練而培養獲得的。但是，必須先認知到這一類的技巧是必要的。與前述日本的教育有關，日本人的思考總是容易被眼前的解決方案所吸引。例如「既然已經發生了也沒辦法。先想想接下來該怎麼辦吧」的說法，到處可見。這種日本式的處理方式，在某種意義上也可以說是積極性的思維。在過去比較艱辛的時代，忘掉辛苦的過去，展開今後光明生活的思維，是一種非常鼓舞人心的想法。

　　但是「為什麼會產生這個現象呢」，執著於其中的「為什麼」而加以思考，其實對於在思考「接下來怎麼辦」時，是非常重要的。因為某些事件引起社會騷動問題的企業或組織，在記者會上表示「將會徹底追究原因」，但在那之後，哪一次發表過令誰聽了都會點頭贊同的原因呢？

　　對於日本人及日本的企業，在發生錯誤的時候如果提議要追究原因的話，會令人覺得好像要「否定某人的人格」。問題、立場、人格全部都被一體化，無法切割。分析出造成問題的原因，思考為了防止重蹈覆轍的解決方案時，徹底思考「為什麼」實在不該牽連到否定犯錯者的人格啊。

　　這是美國電視連續劇的一個故事。在某家醫院裏，相當有經驗的實習醫師在長達36小時的工作中，給病患施予錯誤劑量的藥。雖然病患經過萬難終於保住了命，但醫院因此召開事故調查委員會。那位實習醫師坦承自己犯錯，在反省那是「身為醫師不該有的行為」之外，並且提出了「為什麼自己會犯錯」→「原因在於實習醫師36小時的工作」的問題，並建議醫院的體制應該進行改革。雖說是連續劇，但是是在醫療現場仔細取材後所製作的節目，相信在實際的醫療體系中應該曾發生過類似的事件。

　　如果同樣的事情發生在日本會如何呢？恐怕會怪罪當事人：「犯錯的人就該坦承自己的錯誤，哪有推卸責任而將過錯怪罪到醫院體制的道理！」但是，那並不是「推卸責任」。思考事件發生的原因，雖然本人的資質可能也有問題，但「醫院36小時工作的體制」也有問題，完全不提體制的部分，是無法解決問題的。無論是要當作個人的責任問題，或是可以切割個人的責任，當作組織或體制的問題來處理，兩者都顯得模糊不清，而結果只是重複著沒有主語的「對不起」，恐怕同樣的錯誤會一直重複出現吧。正視現狀，

才是發現問題的開始。

◆先思考：什麼是「問題」？

那麼，所謂「問題」是什麼？很少人仔細探討這件事。許多談問題解決的書也和考試用的參考書一樣，從「問題瀏覽」開始，而解決的步驟則是專注在如何解決所接收到的問題，所以欠缺解決問題根本的前提，也就是「懷疑問題本身」的這個步驟。

希望讀者能想一想，現在你想要解決的問題，會不會可能是錯誤的？一旦設定了錯誤的問題，不但無法把它解決也不會再去重新設定問題，結果無論多麼拼命想解決，也只是白費力氣。

重要的是：你所認為的「問題」真的是「問題」嗎？或者今後該處理的問題該如何設定？為了上述兩點，首先要從所謂「問題」是什麼，該如何發現真正的問題開始思考。

◆本書的結構

本書的結構大致分成2個部分。前半部是大方向構思整體問題的「發現問題：構思篇」，後半部是用於深入挖掘已經發現的問題的「發現問題：分析篇」，其中包括了許多結構性分解問題的技巧。發現問題與解決問題屬於一體兩面的關係，所以後半部的問題分析篇不只是發現問題，還包含一些直接用於導出解決方案的分析。

就目前為止的經驗來說，大部分的情形是，如果能確實

發現問題，在設定問題的階段，就大概可以看到解決方案
了。就這層意義來看，後半部幾乎可以看成是用於推導出解
決方案的分析篇。

　　簡而言之，自己若能明白「為了什麼而進行分析」的
話，也就能明瞭從分析中「要讀取出什麼」。在不知道目的
的情況下使用分析工具是最糟糕的，千萬不可不斷地「為了
分析而分析」，變成只依賴資訊的量進行分析的那種分析
師。隨時掌握「目的」是很重要的。

　　讀完前半部進入後半部時，可能會有世界突然轉變了
180度的感覺。因為前半部訴求的是要將以往的思考立場改
為無預設的零基準（zero base）立場，也就是需要將思想歸
零（mind reset）；而後半部則是介紹在思考立場改變之
後，用於具體執行的技巧性Know how的集大成。這可能會
令人覺得，簡直就像是從最高點的視野到第一線工作人員的
技術，全部都要具備的感覺。但是，真正的策略家是必須平
衡兼具各項才能的。

　　在內文中將會再提到，發現問題與解決問題，就像硬幣
的正反兩面。有些問題在正確地掌握問題的階段，也就等於
已經推導出解決方案了。就這個意義層面而言，本書及前著
《問題解決的專家》都屬於廣義的「解決問題」的書。斗膽
將2本書下定位的話，寫法上這本書比較偏重在發現問題，
前著比較偏重在解決方案。另外，由於發現問題與解決問題

屬於一體兩面的關係，因此並不是說這個架構準則只能用在發現問題，或那個架構準則只能用在解決問題。重要的是「以零基準立場正確地從結構上掌握問題，思考解決方案」。只要記得這個原則，無論運用哪一本書都是筆者的榮幸。

2001 年初秋

Business Collaboration（股）公司

代表　齋藤嘉則

第 1 部

你需要有「發現問題的能力」

第 1 章

發現問題的能力，
將決定你解決方案的品質

發現問題的過程會直接關係到設計解決方案的過程。

從確實掌握問題的作業當中，將會浮現該解決的課題以及方向性。

1.1 好的解決方案來自於正確的問題設定

為什麼問題不能解決？以為已經解決了，解決方案卻沒有效果，又是為什麼？或者，無法解決的問題堆積如山，完全不知道下一步該怎麼走，究竟原因何在？

那是因為在解決方案之前的階段，對「問題」的掌握方式已經出問題了。在嘆息無法解決之前，首先需要深入思考「問題本身」。

1.1.1 問題就是「應有的景象」與「現狀」之間的「落差」

到底「問題」是什麼？諾貝爾經濟學獎得主赫伯特・西蒙（Herbert A. Simon）在《管理決策的新科學》（*The New Science of Management Decision*）書中有以下描述：「解決問題實際上進行的方式，就是設定目標，發現現狀與目標（應有的景象）之間的差異（落差），為減少那些特定差異，尋找記憶中存在或藉由探索而找出適當或適用的工具或過程。」也就是說，所謂的問題，簡單來說就是「目標（應有的景象）與現狀的落差」（圖1-1）。

圖1-1　問題的構成要素

所謂問題就是「應有的景象」與「現狀」之間的「落差」。
所謂「解決方案」就是填補「落差」的處方籤。

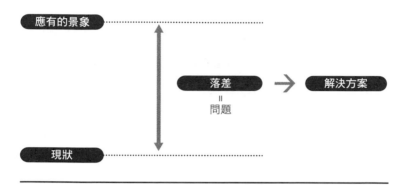

$$問題＝應有的景象－現狀$$

因此，與現狀沒有落差的目標不會產生問題。或者，不可能達成的目標與現狀之間的落差，會成為理論上不可能解決的問題。

所謂發現問題，可以說是從掌握「應有的景象」與「現狀」之間「落差」的結構開始。總而言之，找出產生「落差」的原因，逼近其本質，就可以看見通往解決方案的路徑。

◆因為有可能達成的「應有的景象」與「現狀」之間有落差，才會有「問題」

例如對一位可以跳到2m30cm的世界級跳高選手而言，2m的目標不構成問題，遠遠超過2m45cm世界紀錄的

2m90cm，是無論如何努力都無法達成的，這也不構成問題。換言之，在商業上的解決方案只限於是有實現的可能性，即使沒辦法立刻達成，但目標本身必須是實現可能性很高的內容（機率不是零）才行。

從日常生活中舉個例子來說明。在很多胖子的心中，認為瘦的人沒有「問題」。從他們的角度來看，瘦的人就是理想的體型（應有的景象）本身。也就是說瘦的人是「應有的景象－現狀＝0」，所以沒有問題。

但是，換個立場來想，假設瘦的人認為的「應有的景象」是稍微再胖一點，看起來健康型的體型吧。這麼一來，其中就產生了「問題」。於是瘦的人為了將現在的體重增加幾公斤而透過常去健身房鍛鍊肌肉，或藉由游泳增加體力等，朝向自己的「應有的景象」執行解決方案。

如上所述，所謂問題就是「應有的景象」與「現狀」之間的「落差」，它潛藏於產生「落差」的結構中的某處。

◆因為看不見「應有的景象」所以無法發現問題

我在接受他人諮詢時，常會發現他們舉出各式各樣的問題點，同時會提到他自己想的解決方案或執行解決方案時遇到的障礙。但是聽了他長篇大論之後，一旦問他「那麼，你想怎麼辦呢？」，很多人就忽然辭窮而回答不出來。

像這種情形大多是因為當事人迷失了「應有的景象」。因此我建議他首先先去思考做為目標的「應有的景象」，因

為只集中於思考目標，其他的阻礙原因就會先被趕到一旁。當他心中的「應有的景象」越來越清楚，就可以看見與「現狀」的「落差」了。於是，自然就可以看見解決的辦法。之後他就可以靠自己的能力去解決了。也就是說我只不過是問「應有的景象是什麼？」而已。但是，一般在發現問題的過程中常常會疏忽這個部分。

◆問題因為立場不同而大幅改變

又，例如即使狀況相同，當事人所處的立場或位置不同，則掌握問題的視點也會不同，往往還會有解決方案的方向完全相反的情形。甚至有些情形是沒有將問題訂立先後順序，直接散亂無章地就想解決問題，而造成企業經營資源的分散，導致每個問題都半途而廢，什麼都沒有解決。

◆發現問題的最初基礎十分重要

想想複雜且變化劇烈的商場環境，就知道發現問題的最初基礎尤其重要，這是不言自明的道理。首先，自己希望怎麼樣，清楚地確定做為目標的「應有的景象」，掌握「現狀」，並認知其間的「落差」是今後該處理的問題，之後不論遇到多麼複雜的狀況，至少都不會迷失那條朝著解決方向前進的路了。

實例 S公司的「問題」是什麼？

以製造並銷售影印機、印表機等辦公機器的中堅廠商S公司的X事業部為例。這家公司具有各式各樣的經營課題。雖然各個問題分開來看都不是不能解決的問題，但大部分的問題都在未解決的情形下，營業額已經連續3期負成長，收益連續2期赤字。身為最高領導人的事業部長因為找不到有力的對策而感到非常頭痛。

首先，他為了找出經營上的本質問題在哪，仔細地對部門負責人到中階管理者以及現場負責人和買方的顧客進行面談。於是，他發現了一連串的問題。

市場環境與競爭環境急遽變化，技術不斷革新當中，事業牽涉的商業規則已大幅度改變。因此，與創業當時單純且變化小的商業環境已大不相同，所有的地方都需要快速且大膽的回應，如今已是經營上難度極高的市場環境。

更嚴重的問題是，儘管環境已改變如此劇烈，因為用於解決經營課題的技巧不夠純熟，所以問題的處理方式散漫無章。再加上，即使相同課題，依部門或管理職的階層不同，狀況的處理方式也常有180度的差異，究竟問題是什麼，應該從哪裏著手，公司連這些大方向都處於混亂的狀態。

問題包括：國內工廠的間接人員過剩而成本增加、其他進軍海外的企業低成本的競爭威脅、用於開發新產品的技術性問題等，包羅萬象。而且，即使相同的問題，因為負責人

不同而有完全相反的判斷，就連經營的相關數據也不可信。
當時新任的事業部長尚未進入可以正確判斷問題的狀況。

　　就關鍵技術能力、技術人員的素質、專利對應能力來
看，有的足以贏過競爭對手，有的是完全沒有競爭力。但是
到底真正情況如何，沒有人知道答案。短時間內冒出許多問
題，其中有許多是真正的問題，卻也夾雜許多表象的問題，
在這樣混雜的狀況下，完全無法看清究竟從哪裏、為什麼產
生這些問題，也就是還看不清楚「問題發生的機制」。如此
一來，在擬定解決方案之前，完全無從分配經營資源，以決
定該從哪個問題開始解決才好。

　　這樣的情形一定不是只有S公司才有吧。這其中存在著
企業的問題遲遲無法解決的最大原因。由於商業牽涉的狀況
複雜以及部門或職位等立場的不同，造成「難以理解問題是
從哪裏、如何產生的結構及機制」，加上全公司「對問題的
共有還未達到一定的程度」，所以無法朝著解決問題的方
向，一致性地掌握問題。

　　應該逐一根據事實正確地掌握複雜的「現狀」，並釐清
問題發生的機制與結構。然後，從組織面來設計系統，才能
用超越的立場以謀求將問題共有化。貫徹商業精神
（Business mind），將「應有的景象」以全體人員都看得見的
形式展現，這樣才能開始看見S公司應該聚焦面對的問題。

1.1.2 問題若是明確，解決方案的準確度就能大幅
提升

　　商業上解決方案的品質，在發現問題的階段就已經決定
了相當大的部分。其原因在於問題的設定是否切中要點，是
決定最終解決方案方向性和品質的關鍵。但是，常常會發現
很多案例都沒有察覺這一點，而焦急地想提升解決方案的準
確度。無論你下多少工夫都無法收到成效的時候，建議你首
先試著重新檢視「問題」本身。問題若能明確，解決方案的
準確度絕對能大幅提升。

　　商業領導人所需的一個重要技巧，就是根據企業「應有
的景象」的經營理念與願景，明確地設定問題的能力，該問
題是企業面對不遠的將來，應當積極處理的新問題。

　　領導人如果只盯著已經發生、已顯現的現狀問題，而不
謀求對症下藥解決問題，那麼這樣的領導人將無法領導今後
的企業。大膽規畫企業將來希望成為什麼樣的「應有的景
象」，將它與「現狀」的「落差」視為問題並謀求解決，才
是商業領導人確切的使命。

◆從KNOW-HOW 到KNOW-WHY

　　現在需要的是會思考「什麼是今後應該處理的重要問題」
這種對未來設定新問題的能力。這種能力就是將對於事業的
理想＝「應有的景象」與正確認知的「現狀」之間的「落差」

顯示出來，也就是發現問題的能力。這對於無論是既有事業或新事業都一樣，是面對下一波成長的新革新主軸。

　　換句話說，今後商業領導人所需的重要資質不是對現場的解決方案下達瑣碎的「KNOW-HOW」指示，而是可以訂出為什麼，以及今後什麼會成為問題‧課題的卓越的「KNOW-WHY」能力。這正是發現問題的能力。

　　這對於在現場的商業人士也是相同的。要跳脫以往在既定框架內執行上司交辦的、已成過去式的「KNOW-HOW」，為達成目標而發現改善型的問題，具備與未來相關

圖1-2　錯誤問題的連鎖擴大

錯誤的問題設定會造成資源的浪費，
又引發出新的問題。

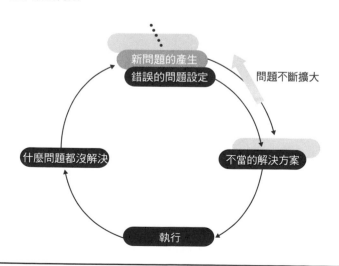

的新問題設定能力是很重要的。

　　總之，針對錯誤課題的「KNOW-HOW」不論設定得如
何精確，或者即使在以前是正確答案的，在變化後的狀況裏
不只是毫無意義，甚至會引起新的混亂及資源浪費，損失寶
貴的時間與機會（圖1-2）。正因為如此，優秀的經營者是問
題解決者（problem solver），同時也是優秀的問題發現者。

1.2　無法發現問題的4個原因

　　即使了解「問題」本身是非常重要的，仍時常可見無法確實發現問題而無法達成解決方案的案例。整理一下無法發現問題的原因，有下列4種典型模式（**圖1-3**）。

❶ 無法確實描述做為問題前提的「應有的景象」。

❷ 對「現狀」的認識・分析力不夠，未能正確掌握現狀。

圖1-3　無法發現問題的4種模式

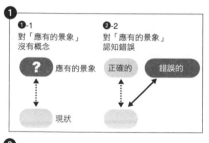

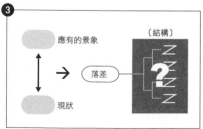
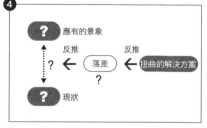

❸ 無法釐清「落差」的結構，而將問題的本質具體化
並排定先後順序。

❹ 從可執行的「解決方案」倒回來想問題，所以看不
到可能性。

1.2.1 無法確實描述做為問題前提的「應有的景象」
（圖1-4）

前文已提出所謂問題是「應有的景象」與「現狀」之間
的落差，首先如果無法確實描述做為發現問題前提的「應有
的景象」，就無法設定問題。那麼，為何無法描述「應有的
景象」呢？大致可分為2種模式。

圖1-4　無法發現問題的模式❶

---

❶ 無法確實描述做為問題的前提的「應有的景象」

❶-1 對「應有的景象」沒有概念　　　❶-2 對「應有的景象」認知錯誤

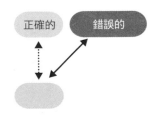

---

❶-1 缺乏對願景的構思力及目標設定力，因而對「應有的景象」沒有概念

❷-2 沒有意識到典範變遷，而對「應有的景象」認知錯誤

簡單來說，就是無法想像「應有的景象」，或是所構思出來的「應有的景象」是錯誤的。以下對於這兩種模式再詳細說明。

❶-1 缺乏對願景的構思力及目標設定力，因而對「應有的景象」沒有概念

所謂「應有的景象」，換句話說就是企業或個人應達成的「理想」或「目標」。如果無法構思‧設定這個理想，則無法認知與現狀的落差，看不見今後應該處理的問題。即使對現狀感到不安或不滿，如果不能對「應有的景象」有概念，就看不見與「現狀」的落差，自然也看不見問題。

這麼一來，等問題已經浮出檯面，就只能一路被動地被事後處理的工作窮追猛打，而本質上重要的問題只能一再往後延，結果什麼問題都沒解決，陷入最悲慘的窘境。

實例 無法構思下一個「應有的景象」的建築業界

對於陷入經營不善的許多建設工程公司，各家銀行為了救濟而進行債務豁免，但是這種藉由免除債務的救濟措施，究竟能否真的解決問題呢？原本應該是由建設公司、銀行以

及政府一起來構思建築業界的「應有的景象」，讓問題清楚呈現出來才對的啊。

　1兆9000億日圓。這是自1997年7月處理飛鳥建設的泡沫化開始，至2000年9月對熊谷組放棄4500億日圓的債權為止，對7家建設公司所放棄債權的總額。這些負債不過是7家建設公司在泡沫經濟期間與主要交易銀行共同合作所建構出的欠債的一部分而已。

　各先進國家的建設投資額大約佔GDP的比率為10%左右。日本的GDP約為500兆日圓，所以10%是50兆日圓。但是日本的建設投資在1992年的尖峰時期達84兆日圓，約佔GDP將近20%的比率。這種異常的狀況隨著泡沫經濟的崩潰終於宣告結束，甚至有人預估建設投資額在2010年應該會收在先進國家水準的55兆日圓左右。至今，各建設公司仰賴政府修正預算而推行公共事業投資，因而勉強存活了下來，但不久將會進入危險階段。

　今後建築業市場本身將逐漸縮小。但是，卻完全看不見具體該處理的課題。也就是說無法構思「應有的景象」。

　那麼，建築業今後的使命是什麼呢？在以硬體為主的建築物以及基礎建設縮小的社會結構變化中，今後建築業的「應有的景象」是什麼樣子？熊谷組或Hazama等接受放棄債權的企業大多數都表示將會以土木工程為中心力圖振作。這樣的處理方式只是維持以往依賴公共投資的模式。不僅與過去相比沒有任何改變，簡直與今後所需求的公共基礎建設的

結構變化完全反其道而行，根本不能解決真正的問題。不構思「應有的景象」，只局限於將實際上已發現的問題或因為還沒有處理而發生的狀況視為「問題」，那將無法發現真正的問題，而永遠無法解決本質上的問題。

實例　無法描述職業生涯目標的「應有的景象」

以個人的層面而言，由於看不見自己將來想做什麼，想當什麼等這類職業生涯・理想，因此許多人對現狀抱著模糊的不滿或不安，而焦慮不已。

G先生是某大啤酒廠商在某地方分公司的行銷負責人。被迫在已經成熟且飽和的啤酒市場中艱苦奮戰，業績低迷。因此，公司正在進行如用棉繩勒緊脖子般嚴苛的改組縮編，展開大幅的經費刪減與人員裁撤。在這樣的情況下，G先生雖然對自己的將來感到不安，卻不知道該怎麼辦。他雖然知道現在工作的做法應該有問題，而且應該無法繼續維持下去。但是，他完全看不到5年後自己在現在的公司中會變得如何、應該如何，或者離開公司會變成什麼樣的情況。

此時，即使茫然地去找新工作，恐怕也很難成功地換到好工作。那是由於自己還不清楚自己希望達成的願景，即使轉換到認同自己目前經驗的企業工作，本質上的問題並未解決。雖然可以暫時解除改組縮編的不安感，但未深入挖掘出自身的問題，所以即使在新工作上，也會同樣對未來感到不安。

總之，新工作本身不是目標也不是理想，只不過是一種手段、方法論罷了，不能算是在設定今後應挑戰課題時做為目標的「應有的景象」。

又例如，許多人參加升學考試時，完全不問個人的目標・理想。根本不管將來想做什麼，只是單純想要考進難考的大學，也就是說將原本只屬於方法・手段的部分目的化、扭曲做為自己的「應有的景象」。於是未曾追根究柢思考過自己想成為什麼樣的人、或希望過什麼樣的生活，就這麼進入大學後而迷失了方向，或者，用同樣的方式迎向下一個階段，展開毫無理想的就業競爭。其結果自然會帶來在改組縮編時換工作的不安感。

◆為了脫離改組縮編的惡性循環

現今日本許多企業擁有的問題在於事業停滯不前。針對這個情形分析其因果關係，就會發現那是伴隨經濟・社會的結構變化，以及相對競爭力低落而產生事業縮小・低迷的惡性循環。若要切斷這個惡性循環，就必須停止預期可立即奏效的「改組縮編」。進行人事費的裁減或工廠的關閉等，只要刪減固定費用，即可確保暫時性的收益。但是大家都知道，光靠上述方法不可能確保持續性收益。

結果，如果沒有足夠能力構思不久的將來自己公司的「應有的景象」，確實設定該處理的問題，並找出用於解決該問題的具體策略，企業的將來只會毫無指望（**圖1-5**）。

圖1-5　改組縮編的惡性循環

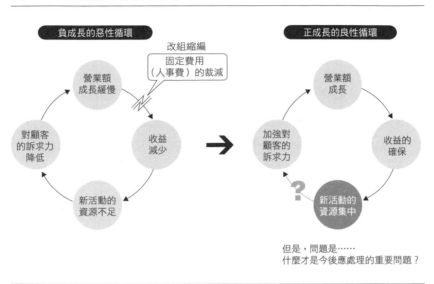

甚者，如果連藉由像殺戮一般的改組縮編所產生的利益，也沒能靈活運用做為迎向下一階段成長的資本的話，那就沒有意義了。

因此，企業高層需要具備願景或策略的構思力。業績低迷的企業藉由改組縮編謀求轉換為暫時性的正收益後，必須提出關於新的成長‧發展舞台的願景或策略，處理具體的問題。否則，企業將再度收益惡化，而陷入再次實施所謂改組縮編的惡性循環中。

即使明白上述道理，但卻只能從過去的架構中發現問題，究竟是為什麼呢？幾乎不改變以往的做法，用相同的模

式定義問題，在該問題解決的同時，卻看不到未來的新展
望，究竟是為什麼？

實例 今後的馬自達與日產汽車

進入福特旗下，在英國人總裁亨利‧華萊斯（Henry
Wallace）的領導下大膽進行大幅改組縮編的馬自達，一般
以為總算擺脫赤字，產生利益而起死回生了。但是馬自達卻
落入了改組縮編後的陷阱，在未能解決下一個策略課題的情
形下，直接在縮小規模狀態中不得已地再次改組縮編‧解
雇，而處於完全看不見出口的低迷狀態。

另一方面，經過大膽冷酷的改組縮編‧費用刪減，而在
2001年度的結算中成功轉為收益化的日產自動車所正面迎戰
的課題，正是是否能展現下一個成長的具體願景，以及是否
可以實現。對日產而言，如果關於產品策略與營業策略相關
的具體成長的腳本能夠如實實現，將可成為名符其實的存活
者，但如果不能實現，將會與馬自達相同，不得不面臨再次
的改組縮編。到目前為止，外界對於總裁卡洛斯‧戈恩
（Carlos Ghosn）抱有期待。聽到他在大眾媒體上熱情地闡述
以設計策略為核心的「應有的景象」，我想一般都會對日產
抱有期待，認為可能會轉型成為相當優秀的公司。但是，接
下來是應該將之付諸實現的階段。

老實說日產若要復活，就必須確實構思「應有的景
象」，並具體認知「現實」與「應有的景象」間的落差，掌

握落差的結構，而朝向解決問題的道路前進。

　　不論是現存事業或新創事業，時常可以看到無法促成變革的企業，那是由於欠缺用於變革的願景構思力與用於實現願景的魄力的緣故。

❶-2 沒有意識到典範變遷，而對「應有的景象」認知錯誤

　　「應有的景象」會隨著典範變遷（Paradigm shift）而產生質變。所謂典範是指做為掌握問題前提的結構・架構。有些人未能認知到這種隨著典範變遷在新舊典範間發生的差異，因而繼續抱持著以往的問題不放，但是忘了課題（問題）應該配合典範變遷而重新去設定。例如，就像是共產國家即使從社會主義經濟改變為自由主義經濟，仍改不了用社會主義經濟的想法處理商業事務一般。

　　身為前提的典範明明已經改變了，卻不改變「應有的景象」，那個「應有的景象」自然就變成是錯的。其結果當然會造成問題的扭曲。那麼，仍然把典範變遷後已經扭曲的「應有的景象」與「現狀」的落差當作問題繼續處理，自然會導致所設定的問題其實毫無意義還渾然不知的悲慘結果。

　　如果社會、產業、消費者意識、行為模式或者種種法規限制的環境已經有了結構上的變化，卻還用從前的架構來處理問題，就會造成根本就是處理錯誤問題的情形。官僚的問題解決方式就是典型的例子。5 年、10 年前，甚至幾十年前設定的問題，到現在竟然繼續沿用處理。日本政府直到2001

年才承認對痲瘋病患政策的錯誤。日本在發現治療痲瘋病的藥之後，持續了將近50年，仍沿用過去採行的隔離強制收容的治療方式。為什麼這麼長的期間，都採用這種與現實不符的問題解決方式呢？不只是人道方面的問題，在邏輯上也令人百思不解。

◆勝者的兩難困境

時常可以見到，以往成功的企業無法因應商業規則的改變，也就是無法適應典範變遷而一直進行錯誤的問題設定，結果逐漸喪失成長力。幾乎可以說，太強的企業都會發生這種情形，稱為「勝者的兩難困境」。

例如擁有超強產品或超優概念的經營模式（business model）進入市場後大大成功的企業當中，有些企業即使品牌力及商品力都已經衰退了，卻不將目光放在品牌或商品本身所具有的問題本質，一味去加強通路或營業力而浪費了資源。

看看某外資家庭用品廠商T公司的董事長的故事吧。那位董事長原本是幹練的業務員，一路辛苦爬到董事長的位置。他看到T公司的營業額早已過了事業成長的S曲線中的高峰點（peak point），已經連續5期營業額‧利潤都在減少。儘管如此，卻無法踩煞車阻擋這樣的局勢（**圖1-6**）。其實品牌力與商品力的高峰期已經過了，人在處理問題的時候，卻往往在潛意識中拘泥於自己看得見的範圍或過去的強

圖1-6　S曲線與結構變化

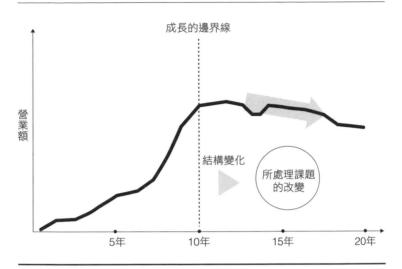

成長的邊界線

營業額

結構變化

所處理課題的改變

5年　　10年　　15年　　20年

項，因此無法找出本質性的問題。的確，以前T公司的商品具有壓倒性的優勢，而且建構了非常獨特的銷售系統，並且以擁有競爭者完全趕不上的優勢而自豪。由於董事長在當業務員的時候，正是上述優勢的全盛時期，所以他將自己過去的風光與公司的成功故事完全混而為一，在情感上也讓他無法率直地逼近問題的本質。

　董事長傾力於加強營業力與強化通路。但是，無論如何努力也不見營業額或收益有任何起色。原本就是品牌力與商品力低落的問題，如果排除了該如何改善本質性問題，那麼無論具有多麼優秀的營業力，或實施加強通路的策略，狀況都不會改善的。也就是說，失敗的原因在於無法因應典範變

遷而重新設定「應有的景象」。

◆中年危機

　　前述這家公司，雖然在進入市場時是憑藉著超強產品或超優概念的經營模式而急速成長，但中途盛況不再、進入低迷的部分稱為「中年危機」（midlife crisis）。以人生來說，有些人一直以為自己與年輕時一樣，還擁有好體力，其實已經面臨中年時期患有各種成人病的狀態了。就像提起中學及高中時代在田徑社團曾經相當活躍的父親，在孩子的小學運動會上因為太過賣力而跌倒受傷的例子不少。

　　或者，早已經不是20歲或30歲意氣風發的年輕人了，卻總以為自己還年輕，而以年輕人自居。聽到別人說自己「看起來很年輕」的時候就很高興，完全沒發現一般是不會對真正的年輕人說「看起來很年輕」的。似乎是害怕意識到自己是中年的瞬間就會變老一般。結果，自己沒發現中年的好處、美感與魅力，別人也不會發現。對於真正面對中年危機的人，最重要的不是設定「如何能夠比現在看起來更年輕」的問題，而是要將結構本身切換為「如何能夠讓這個年紀的自己更有魅力」的問題，並且推導出解決方案。

　　回到企業的話題。可以克服中年危機的企業與不能克服的企業，差異在於是否能夠認知問題的變化。也就是說，關鍵在於是否能以冷靜的眼光客觀地認知，在時間的橫軸中，自己公司與環境的相對關係，例如業界的結構或技術，與競

爭對手的定位等的改變，以前的問題與現在的問題已經完全
不同了。

實例 成功的詛咒：大榮與伊藤榮堂

　　圖1-7顯示的是營業額規模大致相同的大榮（Daiei）集
團與伊藤榮堂（ITOYOKADO）集團的超市部門利益率的比
較結果。擁有龐大債務又無法阻止業績惡化的大榮，與業績
良好的伊藤榮堂兩者表現的差異，直接反映在利益率的差異
上。

圖1-7　大榮vs.伊藤榮堂的超市部門營業額與利益率
　　　　(1996.3~2001.2)

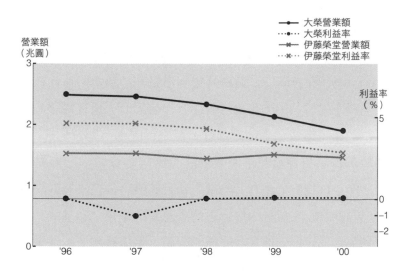

資料來源：大榮、伊藤榮堂HP

　　「傾聽顧客的聲音」是大榮集團自創業以來的座右銘，也是理念。並且在「價格不由生產者決定，而由顧客決定」的信念‧行動規範下，一路走來以徹底追求低價路線為目標。

　　加上與供應商的交涉力，也就是採購力（buying power）是關鍵，大榮為了將關鍵能力發揮到極致，在一路攀升的經濟成長下，以土地的潛在利益做擔保，加速展店，企圖擴大規模。並以強大的採購力做為武器與廠商交涉價格，實現對顧客提供低價的承諾。但是，那是在經濟高度成長期，還存留有經濟成長殘影的時代的「應有的景象」，在泡沫經濟崩潰造成社會‧消費結構改變之後，已經不能再用這種腳本了。「盡最大努力回應顧客總是在追求更便宜的心聲」──那是大榮過去的「應有的景象」。

　　然而，大榮由於業績惡化，被迫必須將這種每日低價（everyday low price）的政策轉變為重視利益導向。其背景在於消費者對於大榮的印象已經從「什麼都有，便宜得讓人想要買的店」變成了「什麼都有，但是什麼都不想買的店」。由於消費者對綜合超市所要求的「應有的景象」已經轉變了，所以以採購力做為武器徹底執行低價路線已成為過去的「應有的景象」。因此，以過去的「應有的景象」為基準，即使各部門或店鋪去設定該解決的問題，但那些解決方案畢竟是針對錯誤的問題而無效。

　　這就是一直處於思考停滯狀態，未能認知到典範變遷，

緊抓住過去的「應有的景象」的「成功的詛咒」。接著，聽說這個「成功的詛咒」這次將襲向常勝集團伊藤榮堂。例如，與廠商合作進行商品企畫・商品開發的團隊MD（merchandising）未發揮功用。缺乏自信的採購人員為了逃避商品滯銷的風險，不願自己思考進貨，而採用依賴廠商或大盤商代為安排進貨的做法。這麼一來，無法符合消費者取向，而商品滯銷的情形層出不窮。在商品的生命週期變短且價格競爭激烈的時代潮流中，不是便宜就能賣得好的。伊藤榮堂的原則是將所進的貨全部買斷，所以如果賣不出去將會增加不良庫存。而營業額降低，價格又下降的話，都將會壓迫到利益率及利益額。

　總之，做為處理問題前提的架構或商業結構（典範）都已經改變了，卻還是依從前固有的典範來思考，就會從錯誤的問題設定點開始出發。這麼一來，理所當然的結局就是接下來的解決方案完全文不對題，一切變得毫無意義。

1.2.2 對「現狀」的認識・分析力不夠，未能正確掌握現狀（圖1-8）

　有時候即使可以正確地看見「應有的景象」，卻仍將問題設定錯誤。那是由於對「現狀」的認識太淺或有所錯誤。阻礙正確掌握「現狀」的原因，可分為以下2項。

圖1-8　無法發現問題的模式 ❷

---

❷ 對「現狀」的認識・分析力不夠，未能正確掌握現狀

應有的景象

WILL × SKILL不足

？　現狀

---

　　❷-1 WILL ：欠缺正視「現狀」的問題意識

　　❷-2 SKILL ：欠缺掌握「現狀」的分析技巧

❷-1 WILL ：欠缺正視「現狀」的問題意識

　　當事人必須自己感覺「現狀」有些奇怪或是問題，才會嘗試去解決問題，但為了正確掌握「問題為何」，就必須正確掌握「現狀」。然而，即使具備了模糊的問題意識，如果沒有正視「現狀」，通常就無法正確設定問題。也就是即使感覺到有「問題」，卻欠缺正視「現狀」的意識（WILL）。

　　例如，想要外出而看看天空，感覺好像快下雨了。雖然心中浮現「如果下雨就麻煩了」的念頭，卻將想法更改為「不會不會，一定不會下雨的」而不帶傘就出門。於是過了幾個小時，大顆大顆的雨滴落下……。做為判斷是否會下雨的基準之一是氣象預報，所以在感覺可能會下雨的時候，只

要看一看氣象預報就好了。連確認都不確認，無視於「天空快下雨模樣」的「現狀」存在，而擅自認為「應該不會下吧」。這就是欠缺正視「現狀」的問題意識。而追究不想正視現狀的原因，有的會說「帶傘太麻煩了」、「如果沒下雨可能會把傘弄丟」、「去看氣象預報做確認太麻煩了」等等，也許各有各的原因，總而言之，就是因為某種因素阻礙了去看「現狀」的意識。

在世紀末的2000年，正視「現狀」的問題意識欠缺、麻痺的狀況忽然在很多地方出現。尤其生產線作業改善應該已經行之有年的製造業現場，而且是大型企業，也頻頻傳出醜聞。

以雪印乳業的食物中毒事件為首的食品廠商製造過程中衛生管理的問題，將日本製造業至今建構起來的全面品管（Total Quality Control, TQC）神話在一瞬間摧毀殆盡。特別是雪印乳業通過HACCP（Hazard Analysis and Critical Control Point, 危害分析和關鍵控制點）驗證，一般認為是相當嚴格的品管標準，原本該是「萬無一失」的體制，從最高領導階層到生產線的全體員工，應該一直都抱持著絕對的自信。儘管如此，當第一個「食物中毒」的消息傳出，以及之後陸續出現腹痛的受害者，雪印乳業仍遲遲不肯直視「現狀」。也許自信本身正是造成阻礙的主因吧。

另外，其他的食品廠商也傳出在最終商品中混入了蟲或爬蟲類、異物、雜菌的消息，報紙版面的道歉欄幾乎每天都

沸沸揚揚的原因究竟為何？

◆對「現狀」過度驕傲，而蒙蔽了直視「現狀」的眼睛

　　像這樣問題浮上檯面的不只限於食品廠商。三菱汽車公司長期性且是組織整體隱匿汽車瑕疵不報的醜聞，讓三菱汽車在全球進行合縱連橫的汽車業界，不得不躲進戴姆勒克萊斯勒公司的旗下，以求繼續生存，可以說問題最後幾乎發展到動搖事業根本的程度。

　　就如三菱汽車前主管回應說：「我以前一直打從心底相信，我們可說是『天下的三菱』，這樣的企業不可能製造出那種瑕疵品。」正是這樣對品質的絕對自信，遮蔽了直視「現狀」的眼睛。而且以銷售速度為第一優先考量，而忽略‧隱匿了問題，終致無法定義朝向解決所應處理的問題。

◆拘泥於「應有的景象」反而看不見「現狀」

　　無論哪一家企業，對於希望讓消費者感到安全‧安心，或對產品要求的品質水準有所設定的所謂「應有的景象」應該都有充分的認知，對於「現狀」的品質‧性能也應該有充分的認知。應該具有標準化的製造過程，以品管圈（QC circle）為核心，每天用於處理問題的體制也具備了，究竟為什麼會發生那些駭人聽聞的事件？

　　或許是在進行自動化‧機器人化的製造現場，由於已經固定存在優良系統的「現狀」，因此無法藉由人的眼睛去認識現狀，而產生了發現問題方面巨大的漏洞。或者由於太過

重視其他需要優先處理的問題，而刻意隱匿以為較小的問題。又或者是太過拘泥於理想的系統，所以無法直視現實的問題。

雖然追究原因很難一言以蔽之，但是至少沒有明確掌握「現狀」而設定重要的處理課題這部分是可以確定的。

雪印的案例中，出於對HACCP的信賴而導致看不見「現狀」，三菱汽車當時則是對「應有的景象」，也就是對「三菱」的自恃過高而無法正視品質水準的「現狀」。所以「問題」才會演變成對消費者與企業雙方都最糟的社會問題。

這樣的陷阱也會出現在個人的情況。無論將「應有的景象」想像得多麼美好，但卻在未正確掌握「現狀」的狀態下，就想解決問題，將會造成解決錯誤問題的情況。「應有的景象」太過強勢而無法正確評估自己的現狀處境，有時候會出現勉強著硬要接近「應有的景象」，在想要解決問題的過程中面臨嚴重挫折的情形。

◆未能客觀審視至今為止的「現狀」會不會就是未來的「現狀」

因為「應有的景象」太過強勢而無法正視「現狀」，最後可能會變成無法正視「未來的自己」。

以糖尿病為例來做說明。糖尿病是三大生活習慣疾病（糖尿病、高血脂症、高血壓）之一，放任不管的話將可能

誘發各種疾病。這三種疾病再加上肥胖，可能會引起動脈硬化，因而也稱為「死亡四重奏」。根據1998年厚生省（現在的厚生勞動省，相當於衛生勞工局）的調查，日本國內的糖尿病患者有690萬人，潛在糖尿病患也高達1370萬人。40歲以上的民眾只要到醫院接受檢查，幾乎每10人就有1人被診斷為潛在糖尿病患。但是，實際上就診接受治療的病患在1996年為217萬5000人，只不過佔包含潛在病患在內的糖尿病患的16%。以糖尿病患而言，即使被判斷為潛在性病患，只要在潛在的階段就診接受治療，將正確的飲食療法及運動療法導入生活中，應該大部分的人都可以恢復健康。

　　但是佔80%以上的「不接受治療的病患們」，不去醫院的最大原因是什麼？大多數被診斷為糖尿病、或潛在糖尿病患者都沒有確實掌握何謂「糖尿病」，或者根本不打算去理解。糖尿病在轉為重症之前，很少出現自覺症狀，所以很難有已經患病的認識。因此雖被診斷為「糖尿病」但難以正視其為現實之「問題」，因而無法朝向解決的方向前進。

　　多數人在思考接受藥物治療或飲食‧運動療法的解決方案之前，對於放任病情發展，在不久的將來會發生什麼事，並沒有認知。也就是說，只要問題＝今後該處理的課題不明確，在當事人意識到問題之前，將無法找到解決方案的方向性。當然，這時的「應有的景象」是「健康身體」，而現狀是「糖尿病」或「將來罹患糖尿病可能性很高的身體」。但是，對於這個現狀在未來將引發什麼問題的認知不足，正是

原因所在。

◆不正視「現狀」的原因

如上所述，未能正確認識「現狀」而無法前進到解決問題階段的例子，不論在個人或企業都非常常見。而不願正視的理由，可舉以下情況說明。

1　問題的隱匿

這個情形是指即使對「現狀」已有某程度認知，卻故意不解決，這是企業在社會道德上最差的表現案例。三菱汽車就是因為隱匿汽車缺陷而造成社會反彈，導致動搖企業根本的情況。也許存在各式各樣隱匿的理由，但大部分是由於「應有的景象」太過強勢而遮蔽了正視「現狀」的眼睛。

2　對於「現狀」，儘管當事人以為已經明確掌握，其實客觀而言還是相當模糊

以食品廠商的例子來說，大家都會認為以產品的安全性做為「應有的景象」是理所當然。聽到食品裏含有異物之類的消息，任誰都會否認。但是，他們沒看見「現狀」。雪印的案例中，一般以為通過HACCP就認定為安全。於是欠缺對「現狀」的正確認知，或者是因為「應有的景象」過於強勢，而擅自認為不可能會發生問題，造成了對問題錯誤的認知。

3 雖然有「應有的景象」，但未確實掌握「現狀」或不去正視不久的將來的「現狀」，逃避問題

這也是常見的情形，就是拖延問題。只說一句「再觀察一陣子」，就將問題往後延。日本政治家的問題有很多是屬於這一類的。在政治界，這種情形與未深入討論而留下「應有的景象」的模糊地帶，或欠缺願景的構思力都脫不了關係。

4 逃避面對本質性問題的傾向

尤其是個人，有些人有「逃避問題傾向」，就是想盡辦法希望維持現狀，而不想面對本質性的問題。也有些人是對於落差的認識僅止於表面的表象，而看不見真正的原因。或者對於所發生的問題只能用非常不清不楚的方式理解，而無法追根究柢。總之，就是對於在解決問題之前就存在的問題，刻意・無意識地逃避面對，而將目光從現實上移開了。

❷-2 SKILL：欠缺掌握「現狀」的分析技巧

現代追求銷售手冊化、生產手冊化、客戶抱怨處理手冊化等等，在一切都朝手冊化進展下，時常可見心思只顧著在手冊中尋找符合「現狀」項目的傾向，這時候，大部分人遇到問題時，只想到該如何「處理」，而不去分析現狀，掌握問題的本質。感覺上，甚至失去了用於掌握問題的分析技巧。

實例　徹底分析並掌握「現狀」，才能夠正確地發現問題

有一次，我一位友人的太太為了找「容易停進車庫的車」而前往某汽車商的展售店。於是，店裏資深的營業員表示「如果主要是太太要用的話，有正好適合的車款」而推薦了小型車。營業員還親切地在試車途中繞到友人的住家，確認車庫的情況，提出保證說：「寬度還有餘裕，深度也沒問題。車庫前的道路也很寬，所以這輛車應該沒問題。要停進車庫很簡單。」

友人察覺太太討厭現在自己使用的大型車，於是接受了營業員的推薦而買了小型車。但是，交車的第二天，太太就因為將車停進車庫時失敗，而造成車子後部嚴重損壞，太太自己的頸部也因此扭傷了。

追究發生這件事故的原因，先從事故的狀況開始來看。友人住家的車庫與人行道之間高度相同，但是人行道與路面有將近10公分的高度差。為了克服這個高度差，車子必須以相當的力道才能開上人行道，但是太太還不習慣，在高度差之前先停了一下。之後，為了開上去只好踩油門，引擎轉了幾圈後終於上了人行道，但是也直接以相同的力道衝進車庫，就撞上了車庫的牆壁。

如果只要考慮車庫寬度、深度以及車庫前道路的寬度的話，小型車比較好進車庫的判斷是沒錯的。但是車子小，相對地車輪也較小，在跨越高度差時就成為一個負面條件。當

時營業員未發現只考慮高度差的話，小型車反而比大型車更難停進車庫。也就是在事故之前沒有人發現車庫高度差的問題。對駕駛技術好的人而言，小小的高度差是不會造成任何障礙的，但是對技術不純熟的人而言，則是無法突破的難關。

這是由於營業員對於「車庫不好進」問題所做的分析太膚淺了。而且不僅是聽聽問題，而是實際親身到車庫勘查過，竟然還是得到這般的結果。

總而言之，營業員對於「基於什麼原因車庫不好進」的分析不足，而提出「車庫狹小所以小型車可以解決問題」的錯誤解答，是營業員判斷錯誤，加上友人照單全收的錯誤判斷導致的結果。雖然不知道那是由於記載完備的顧客服務手冊造成的死角，還是營業員正因為資深才會分析得太膚淺，後來結局就是友人從別的車商購買了車輪較大的中型車。

實例 沒有花時間分析「現狀」，所以技巧不會提升，也不能記取經驗教訓

許多企業高喊顧客第一的主張，但是要做到顧客第一，必須從好好分析並了解顧客的「現狀」做起。如果缺乏多方面蒐集顧客資訊的組織結構，探索顧客的購買動機、購買模式等基本資料，就無法掌握顧客的「現狀」。

一家外資的女性服裝製造兼販賣廠商，在最高領導階層「快速解決」的命令之下，必須立刻找出具體的解決方案。

因此在現場的人員根本沒時間深入針對課題思考，究竟問題為何或問題的本質與結構，甚至連分析「現狀」的時間都沒有。在「目標數字達不到的話，就要找個人開刀」的要脅下，只能提出一些表面性課題的膚淺解決方案。

例如，與其找自家公司，不如擴大新的銷售管道，因此致力於拓展直銷通路。但是，拓展不如預期的順利。原本還規畫了多層次的傳銷組織與獎金制度，成立系統化的「按鍵型」網路傳銷，但礙於商品特性等問題，運作不如預期的順利。但是負責現場的經理沒花時間去了解不順利的原因或去理解整個機制，又屈服於上司下達的目標數字壓力，與其規矩地建立銷售系統，寧可鋌而走險硬逼著現有的銷售員負擔部分庫存，採用暫時提升營業額的解決方案。

儘管如此，那位經理仍然獲得升遷。因為在那個時間點達成了目標數字。沒有人考慮過在那之後會產生怎樣的結果。總之，不論會失敗或者是走上歧途，總之重要的是繼續前進，真可說是樂觀過度的公司啊。

但是，就連回頭檢討失敗原因的時間都沒有，就已經接到了下一個命令，所以對於原因‧結果在完全沒有檢討或記取教訓的狀態下，多次重複相同的失敗。重要的是首先確實分析「現狀」，完備地確立其中的關鍵技術。如此必定能提升解決方案的品質（Quality），而產生更多的點子。

前面舉出「WILL」（意識）的問題與「SKILL」（技巧）的問題做為無法正視「現狀」的理由，然而意識與技巧可以

說具有相輔相成的關係。光有意識而沒有技巧無法看見現狀，然而有技巧但沒有動機也不行。意識與技巧不需要分開考慮。也就是需要以沒有成見的零基準思考來凝視「現狀」。

1.2.3 無法釐清「落差」的結構，將問題的本質具體化並排定先後順序（圖1-9）

如果只掌握表面性的問題而不能深入挖掘出應該解決的問題，就不能進展到具體解決問題的步驟。或者，即使深入追究問題到了具體的程度，由於造成落差的原因各式各樣而無法定出先後順序，解決方案也會變得散亂無章。於是，策略的方向性以及用於解決的經營資源也變得散亂，最後變成什麼也沒解決就無疾而終。

圖1-9　無法發現問題的模式 ❸

---

❸ 無法釐清「落差」的結構，將問題的本質具體化並排定先後順序

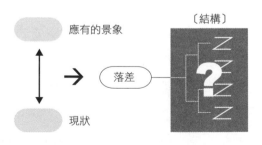

這種情形大致可分為 2 種模式。

❸-1 在成為問題的落差還屬於模糊不清的狀態下就想解
　　決問題

❸-2 問題的原因各式各樣而無法定出先後順序，又全部
　　都想解決

❸-1 在成為問題的落差還屬於模糊不清的狀態下就想解決問題

問題原本就模糊不清，而且對於問題的解決方案的適切性尚未充分評估。而且有時候解決方案越具體，就越容易在還未討論過問題與解決方案的相關性之前就馬上付諸實行。但是，這樣的解決方案有時完全不能發揮作用，甚至更嚴重的會引發新的問題。

◆只看問題的表面，解決方案也只是將問題換個方式覆誦而已

舉企業的營業額與市佔率的關係為例。最近某商品的市佔率及營業額逐漸下滑。如果只掌握這個現象，光是將問題換個說法覆誦般地提出「市佔率降低了所以要提升市佔率」、「營業額降低了所以要提升營業額」的解決方案。或是，有時候問題其實沒那麼嚴重，但上司卻射過來一槍似地說「因為營業額低迷不振所以庫存增加了，你去給我把庫存全部賣光」（**圖1-10**）。只看市佔率或營業額等現象的問題表

圖1-10　將問題換個說法覆誦做為解答

「深度」不夠的話將無法收到成效

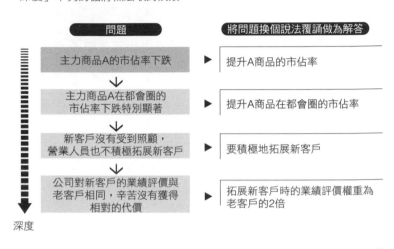

面，提出只是將問題換個說法覆誦一般的解決方案，這樣並沒有對症下藥。

　　例如，如果對剛進公司的新人說「市佔率下降了所以要提升市佔率」，他一定不知道該怎麼做，完全摸不著頭緒，頂多呆站在那裏。這樣還有救。換做是資深員工，心裏雖然認為「那樣子根本解決不了問題」卻還是硬擠出一些辦法提升市佔率，並且去執行。那種未經深思熟慮硬擠出來的解決方案，極可能會造成更大的損失。這麼一來，還不如站在原地一頭霧水的新進員工。

　　如上所述，時常可見到的情形是根本沒人問「為什麼市

佔率下降」這種本質性的問題，就直接收到提升市佔率的命令，於是想盡辦法提出勉強提升市佔率的解決方案。

◆只要能將問題本質具體化，就能看見真正的解決方案

在掌握問題的時候，若是將原本必須以個別水準掌握才能看見的真相，忽略其中的差異及分布的偏頗而以平均值觀之，或以總體方式將所有情況混為一談，將會看不見問題的本質。也就是說，各個問題原本都各自具有其色彩，但將全部混在一起時就會完全變成黑色。望著那片黑色說「黑色就是有問題，所以把它弄白」實在毫無意義。因為問題的本質可能是構成黑色的紅色或綠色。如果不能將問題解析到呈現出原色的程度，就無法看見真正的解決方案。

以總體方式掌握問題時，時常會不看問題的本質就以平均值來掌握問題。欠缺洞察力的總體經濟學者不深入挖掘問題的結構，直接抓到表象的問題就想著手解決，大多數時候都是以失敗收場。

實例　反省一下，地域振興券的發放原本是為了解決什麼「問題」？

平成 11 年（1999 年）由於經濟不景氣，做為振興景氣的一環，日本政府向全國各地發放總額達約 7000 億日圓的地域振興券，目的是「補助年輕父母的子女養育費，或減輕老年福祉年金領取者及低收入之高齡者的經濟負擔，藉以刺

激個人消費,謀求活絡地方經濟,幫助地方繁榮」。也就是針對經濟負擔大的社會弱勢之低收入者的消費,刺激景氣復甦的策略。

但是,由於問題處理方式的邏輯紊亂,到底誰是原本的目標對象,非常模糊不清。而且,用於增加低收入戶消費的機制未底定,甚至低收入戶消費對整體經濟可帶來的效果也未充分獲得運用。實施的背景只有政治性的理由而已。在這種理由下只求表面的解決,所以原本應該只限定發放給社會弱勢者,卻悖離了宗旨也發放給高所得階層。另外,沒有產生預期中的消費連鎖效應,對於景氣復甦也幾乎沒有功效。根據當時經濟企畫廳所公布的資料進行分析,可知所刺激的消費僅達總額的3成,消費的提升效果只有GDP的個人消費部分的0.1%而已。

再加上這項解決方案相對於原本的宗旨可說是有所疏漏而且對象錯誤,所以甚至衍生出實施方面予人不公平觀感等等後續問題。於是如眾所周知,整個事情最後以國家的債務增加7000億日圓告終,只留下混亂惡劣的印象,完全稱不上是徹底的解決方案。

◆只解決眼睛看得見的落差,不是真正的解決問題

官僚和政治家的做法大多都屬於這種「只處理表面問題的表面解決方案」。因為他們有很離譜的錯覺,認為只要掌握表面問題,快速地將之解決,就可以讓人們安心了。其實

不然，民眾方面也應該反省，是不是常常太急著逼迫出眼睛
看得見的解決方案？現在日本的問題，其根部遠比想像的要
深。淘洗出根部的問題，加以檢討並思考解決方案，要執行
這些步驟是非常花時間的。以企業來說，有些企業就花費了
整整1年的時間。因此必須忍耐相當一段時期，但是一般人
沒過多久，就焦急地問「還沒解決嗎？」。當然，可以馬上
解決的問題快速解決會比較好，而這當中先後順序的排定有
多重要就不用說了。

❸-2 問題的原因各式各樣而無法定出先後順序，又全部都想解決

　　這種狀況舉例來說，就是「打地鼠」遊戲。在完全搞不
清地鼠冒出來的模式或機制下，毫無章法地埋頭猛打，或者
在無法判斷該打哪個好的情況下，想要全部都打，結果連一
隻都沒打到。

　　這種不知道什麼是真正重要的問題，換句話說應該從哪
裏開始解決起都不知道的狀況，組織規模越大越容易發生。
由於組織或部門立場不同，問題的掌握方式也各自不同，所
以更加難以統合。

實例　想要解決所有的問題，將會造成每個狀況都不能完全解決

　　在此舉一個家電廠商的整體產品研發策略為例進行說

明。這家公司在過去的一段長時間裏，業績都順利成長。該公司相關的市場環境，之前都是伴隨著緩慢的技術研發而逐漸在變化，但是從某個時期開始，市場在近4、5年之間忽然急邃變化。因此，這個產業是只要不能隨時維持技術優勢，就會非常不穩定而且無法取得附加價值。而要隨時維持技術的優勢，說來容易做起來難。從環境上來看，如果不能聚焦於強項的技術，要想保住優勢更是難上加難。

但是，該公司在無法聚焦於技術研發領域的情況下，對於從低階的低價產品到高階的高附加價值產品，想要全部一網打盡，因此將資源分散，結果沒有解決任何一個問題，公司陷入了危機。

所有的問題都想解決的結果，就是每一個解決方案都不充分，產品本身也發生問題而需要回收‧改善，等到好不容易完成產品的時候，市場價格又已經暴跌，賣得越多虧損越大。問題之一，例如為了降低成本而將生產基地移往海外，但是因為不能滿足速度條件而半途而廢，沒能達成目標。另一方面，在這段期間內，競爭對手已經完成新機種的研發了。

關於市場、競爭對手、自家公司的所有問題，這些本質上難度很高的經營課題一個個接踵而來。觀察市場就會知道，如果不能滿足市場所要求的技術與成本條件，不知何時就會被優良客戶拋棄。對於競爭對手，不知道專利戰與價格戰該如何對應，以及該對應到什麼程度。對於自家公司的課

題，為了提升成本競爭力，工廠轉移海外及過剩人員的整頓該進行到什麼程度，而藉由新技術的許可證所取得的市場，投資該如何回收等等，不確定性都很高。

以這樣的情況完全無法與其他公司競爭，加上新投入的資金如果不能產生利潤的話，最後投資者可能會完全退出。考慮資源的有限，若是沒有聚焦於某個重要問題，就難以解決。

◆無法解決的問題會造成機會流失

在商場上，處理無法解決的問題，不但會產生新的問題，另一方面也會錯失新的機會，也就是造成機會的流失。問題不能解決，有些是解決方案本身思考方式就不對，而大多數是由於「對於問題本身的掌握方式就錯了」或「無法訂立該處理的問題的先後順序」。只要能夠確實掌握問題，並且能夠將具體程度的問題排定先後順序並達到問題共有化，接下來就是將企業或部門的資源與能力發揮到極限，設計出解決方案，並加以執行就可以了。

像這種無法具體化、設定先後順序的情況，換成個人的問題，也有很多例子。想要將問題盡量單純化而鎖定要處理的課題時，就聽到「不行不行，事情才沒那麼單純呢。要考慮這個，也要想那個……」的意見，這種意見什麼都講不明確，而且還在不知不覺間把要處理的問題範圍擴大了，結果什麼也沒解決。這種「無法將問題的本質具體化、設定先後

順序」因而造成資源浪費的情況，即使只單純說「去設定問題的先後順序」也很難做到。這時候就如第3部所述，需要一面掌握「擴展」與「深度」而深入挖掘問題的原因，並且徹底地分析以便能夠依「重要性」設定出先後順序。

1.2.4 從可執行的「解決方案」倒回來想問題，所以看不到可能性（圖1-11）

　　許多企業當業績下滑的情況越緊迫的時候，越可能傾向選擇「可執行的解決方案」。但是眼睛只朝可以執行的方向看，將會把自己推向離問題的本質越來越遠。換個角度來看，也可以說是現代人向不可能挑戰的精神低落。

◆對「假說思考」解釋錯誤，就會只朝著解決方案看

　　前著《問題解決的專家》書中曾舉出「假說思考」的思考方法。所謂「假說思考」，簡單解釋就是「以當時的結論付諸行動」。書中還說，即使只有有限的時間以及有限的資訊，也必須做出那個時間點的結論，並付諸實行。於是，就可以早些驗證，而前進至下一個步驟。在瞬息萬變的現代，這個速度可能會決定命運。

　　我覺得這套「假說思考」的思維似乎被誤解了。也就是說，我擔心會發生以下狀況：為了付諸行動，會將目光只鎖定在自己比較有把握的解決方案來看問題。因此，從一開始

圖1-11　無法發現問題的模式 ❹

❹ 從可執行的「解決方案」倒回來想問題，所以看不到可能性

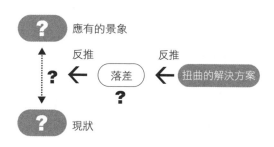

頭腦裏就已經存在解決方案，並且用已經扭曲的目光掌握問題。那是錯誤的理解。在「假說思考」中「時常做出與行動相連結的結論」是很重要，但前提是「已經思考過導出結論的背後原因與機制」，並不是要各位未經深入思考，就以「臨時想到的」內容做為結論。而且也建議大家，與其永遠追求「最好」（best），不如執行「較好」（better），然後「邊做邊繼續思考」。

◆不能馬上推導出解決方案的課題設定是否就沒有意義？

　　某企業在「今後本公司為了成為最頂尖的企業，應該進行哪些事項」的大主題下，從各部門召集員工成立了各自的小組，並給予命題「思考你們自己想實現的主題」進行討論。負責指揮該項企畫的部長向所有小組成員寄電子郵件叮嚀「請勿設定無法導出解決方案的課題。請設定可以有具體

解決方案的課題」。看到電子郵件後我馬上打電話給那位負責的部長，說明「如果一開始就先思考具體的解決方案再設定課題的話會有問題，因為……」。

如果你聽到我上述說法，會怎麼想呢？會認為「從一開始就思考解決方案來看問題的話，問題可能會被扭曲」，或者認為「一開始就為了思考無法解決的問題而拖拖拉拉，根本是浪費時間。一面思考解決方案，一面思考問題是什麼才是理所當然的」，還是「問題與解決方案時常都在頭腦裏相互連結，所以就算想要分開思考也不可能」？雖然沒有符合所有情況的固定步驟，但至少可以確定，從一開始就思考解決方案而將範圍限制得較狹隘後，將看不見解決方案本身想法的擴展，而陷於窮途末路，或事後發現有很大的漏洞。

◆首先將問題與解決方案分離，以零基準立場思考

為什麼會這樣呢？例如假設在A企業對於X問題有稱為Z的解決方案。Z是以A的系統部門為中心所進行的對策。但是A認定X為應解決的問題而加以處理時，系統部門被縮小了，實在無法執行解決方案Z，於是無法在自家公司組織內執行解決方案Z的A企業，反而變成不認定X為問題進行處理。在處理問題時太過意識到解決方案，就會出現這種情形。但是，只要將解決方案切離，首先思考A置身於什麼狀況，就可以認定X是必須解決的問題而加以處理，只有這樣，才可以思考出解決方案。這樣一來，應該也可以想到如

果自己公司裏沒有系統部門，也可以用外包來解決問題的方式。

　　當然，在這樣的情況下，在這個階段一面思考解決方案一面掌握問題，可能也會想出「外包」之類與Z不同的解決方案。因此，並不是所有時候不分青紅皂白都應該將問題與解決方案分開思考。但是，別忘了，光想著「解決方案＝自己會的事情、部門會的事情、自家公司會的事情」來掌握問題的想法本身，就是很大的漏洞與陷阱。首先以零基準立場直接掌握問題，絕對是導出解決方案最近的路。

第 2 部

發現問題：構思篇

第2章

提升「策略性問題發現」的構思力

在變化劇烈的時代環境中,
需要從零基準立場構思「應有的景象」,
找出與現狀之落差做為問題的策略性問題發現構思力。

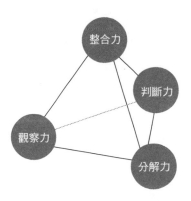

2.1 構思「應有的景象」之策略性問題發現力

2.1.1 操作性問題發現的侷限

在前章已經提過，無法確實發現問題以致無法達成解決方案的4種典型的原因。但是，實際上這4種原因是各自複雜地交錯組合，在時間序列上依序作用，阻礙了問題的發現。與變化急遽的時代背景也有關係，尤其在最近，大多數的情況是抱持錯誤的「應有的景象」，或是毫不懷疑「應有的景象」，將之視為大前提＝已知，因此跟不上時代的變化，然後在不知不覺間迷失了「現狀」，而無法確實發現問題。

像這樣在「應有的景象」固定的情形下，利用根據過去的模式建構的架構掌握「現狀」，將其與固定的「應有的景象」之間的落差視為問題的這種發現問題的做法，我們稱為「操作性（Operation）問題發現」。操作性問題發現中應該隨著時代變化而改變的「應有的景象」無法因應典範變遷，而且連觀察現狀的架構也是維持以往的做法沒有改變，所以無法發現現在的問題。

◆強調效率可能會阻礙零基準思考

　　日本企業向來的強項在於生產現場將作業標準手冊（manual）化，將操作手冊本身——原本只是用於達成目標的方法論，當作「應有的景象」處理，與手冊中不符的差異就視為落差，也就是問題。這種用於改善生產力的問題發現‧解決流程以Plan-Do-See（PDS）的管理循環來看，可知其問題發現的特徵在於時常給予要處理的課題（圖2-1）。

　　因此問題發現者不需要每次都思考原本的目的，只要單純地注意與手冊的落差，有效率地進行作業就好了。也就是說在發現問題時，只要比較現狀與手冊，如果有落差再追查原因在哪裏就可以了。這可說是一種延伸過去或經驗值架構的固定反覆型問題發現。

　　以這種方式，如果該解決的問題正好切中要點的話，的確可以大幅提升效率，但另一方面卻難以產生大膽的方向轉換。因為這個循環當中原本就沒有設置「詢問為什麼那會成為問題」的追根究柢步驟。

　　這種操作性問題發現，在現場執行的延續性上的確具有某種程度的重要性。因為在執行的現場，貫徹固定的作業基準是最重要的課題。如果每次為了實現「應有的景象」而每每重新製作並改變作業手冊的話，將永遠無法執行解決方案，也無法生產產品或服務。

　　但是，以這種方式將難以藉由新素材、新技術或新方式等進行革新，也就是在生產線上從零基準開始進行改變。這

圖2-1 操作性問題解決的循環

PDS的管理循環

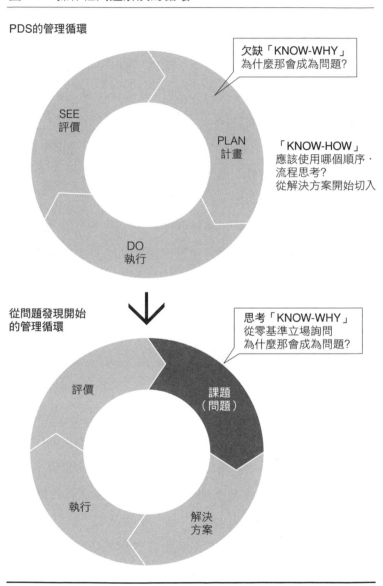

中間確實存在著某種程度上無法產生新突破的缺點。

　　工廠中設定有一些合理的目標數字或生產線應有的景象，例如，生產線的問題比率需壓低在X%以下，以及作業流程需在Y分鐘內完成等等，基於問題就是與現狀的落差的原則，只要藉由TQC的小團隊來追究其落差的原因與改善對策就可以了。但是，一旦陸續出現的課題是這種分工式大量生產方式今後需改為少量多品種的生產時，生產線應如何有效率地切換，或者與人事成本僅是1/25的中國產品進行成本競爭的緊急課題等的問題時，以現有的生產線設計即使要進行改善方案，也無法獲得根本性的解決方案。

實例　由生產線製造轉換為個人攤販式製造

　　曾經有一個節目播放紀錄片介紹行動電話組裝工廠的改革。之前該工廠生產線一直是以全線生產在組裝行動電話，但從某時期開始庫存逐漸增加，收益壓力接踵而來。原因在於行動電話的改良速度太快，與工廠的生產速度配合之間產生大幅差異。操作性問題發現只能追究問題到這個程度。換句話說，只得到「如果商品改良速度過快，就只能配合商品改良速度降低生產量」的結論，或者是思考如何在更短期間內提升生產速度。

　　這時候，工廠生產線的顧問登場了。詳細調查生產線的狀況之後，發現生產線中間的半成品的庫存量增加得最多。其他還發現了各式各樣的問題，結果結論是問題在於「生產

線製造」本身，於是將至今全線製程將近由10人負責的方式改為由員工1人從頭做到尾完成製程的「個人攤販式」製造。也就是說將原本從「生產線的應有的景象」中找問題，由於結構的改變，不得不掌握「生產線以外的應有的景象」。而這正是到目前為止為了重視效率而在製造現場採行的Plan-Do-See式的操作性問題發現所無法察覺的部分。

◆「應有的景象」已成為過去式

操作性問題發現在「應有的景象」這部分如果可以符合目標而過關的話，就沒有任何問題，甚至可說是相當優秀的現場指導方針。所以才稱為作業手冊。但，問題在於該「應有的景象」有錯誤的時候。而且在現今的時代背景下，那些超越操作性問題發現侷限的情形，已經在極為日常性的場合，以及所有的商業現場越來越頻繁出現。

在經濟穩定成長的時代，毫無疑問地將美國視為「應有的景象」的基準，甚至競爭同業之間會相互模仿成功案例，在日本政府「護送船隊式」的金融保護政策的環境下，以操作性問題發現幾乎就足以應付所有的情況。

但是隨著泡沫經濟瓦解，雖然已經過了一段時間，但這種方式受到的侷限已逐漸變得明顯。繼續沿用這種問題發現方式的企業，在環境快速變化之下明顯遭到淘汰。原因在於組織中所賦予的狹隘限制下，執著於有限的問題發現與課題設定，所以無法改變思維。

被淘汰的眾多企業所犯的錯誤是在策略構思的過程中，安逸地將操作性問題發現視為「策略計畫」而緊抓不放。在新的「應有的景象」的願景·策略構思已屬不可或缺的狀況下，仍舊以過去的「應有的景象」為基準來設定未來的課題，那些課題本身根本就是錯的。

在日本因為操作性問題發現而沉淪的產業分別有銀行及證券業、以壽險為首的金融業、建設·不動產業、百貨業、大型的鋼鐵業等。在相同的業界中也有太過執著於操作性問題發現方式而落居下風的，在汽車業界是與豐田（Toyota）、本田（Honda）相對的三菱與馬自達、在物流業界是與伊藤榮堂相對的大榮等。其中前章所述大榮的案例更是「應有的景象」早已屬過去式，在現狀中完全無法適用的最典型案例。

很多人將泡沫經濟瓦解後的時期稱為「失落的十年」，但我認為應該稱為「不思考新的應有的景象而流失的十年」會更正確。

2.1.2 從零基準構思「應有的景象」的策略性問題發現

這裏有一張圖（**圖2-2**）。

當我出示這張圖然後問「問題在哪裏？」的時候，有的人會答「不懂問題的意思」，有的人會以「問題在於H和A

圖2-2 問題在哪裏？

TAE CAT

出處：Selfridge, 1955

沒寫好」的方式掌握問題。

　　回答「不懂問題的意思」的人大部分屬於自己無法構思「應有的景象」，也就是無法構思用以處理問題的架構的人。對於這樣的人，如果再問他「那麼，文字奇怪的地方在哪裏？」，他才首度發現H和A有問題。然後他大概會抱怨「什麼嘛，你一開始這樣問不就好了。問得模糊不清的，我怎麼會知道你在問什麼」。換句話說，只要給他一點關於架構的提示，之後的部分他就一點就通了。總之，他雖然不善於自己設定問題的架構，但卻很擅長在接收到的架構中發揮最大的力量。

　　另一方面，以後者方式掌握問題的人，先不論是好是壞，已經在腦中形成先入為主的想法認為應有的景象的架構是「THE CAT」。老實說，兩個文字各自都以相同方式寫得歪歪斜斜的，但因為與「THE CAT」比較的結果，所以將問題錯誤認知成那是H和A寫得不好的情況。如果問剛學英文字母，雖然認得H和A但不懂THE和CAT單字的小孩，應

該會回答「2個A的頭都分開了」或者「2個H直的那一筆都寫得斜斜的」等，應該有完全不同的問題掌握方式。

◆不能忽略「應有的景象」

事實上，問題發現論的本質就在這裏。第一，如果不能描述「應有的景象」做為目標或用以掌握目標的架構，根本就不能掌握問題。第二，「應有的景象」因為先入為主的觀念變得扭曲，從中推導得出的問題恐怕也會扭曲。但是，坊間一般的問題解決書籍幾乎都是雖然承認「應有的景象」的重要性，但幾乎都是以「應有的景象」已經固定的前提在定義問題。然後，幾乎都是使用將「應有的景象」與「問題」分開討論的操作性問題發現。於是，對已經被限定的目標毫不懷疑，以乍看頗具科學性的流程及步驟按照邏輯追究問題的原因。雖然照理論去做很容易，但是卻完全看不到與其中最重要要素的「應有的景象」相關的討論。

◆自己構思「應有的景象」的時代

所謂問題是指做為目標的「應有的景象」與「現狀」的落差，但是「應有的景象」已確定的情形與未確定的情形，在發現問題作業上的難易程度與所需的問題發現技巧與意識（Mind set）完全不同。

追溯時代變化可以發現，戰後以來雖然景氣多少有些變動，但到泡沫經濟時代為止算是比較穩定的。大家追求相同的富裕，屬於比較容易設定或者被賦予「應有的景象」的時

代。但是現在由於IT革命，伴隨無限的資訊流動化與無國界化，需要摸索新的經營模式。因此，現在比以往更需要預測今後的環境變化，同時自己以零基準構思「應有的景象」的構思力（**圖2-3**）。

◆「操作性問題發現」vs.「策略性問題發現」

如上所述，隨著時代的變化，問題發現的模式也逐漸改變。「應有的景象」固定，也就是把所接收到的問題發現稱為「操作性問題發現」的話，則構思「應有的景象」以發現問題的發現模式就稱為「策略性問題發現」。就掌握問題方

圖2-3　走向構思「應有的景象」的時代

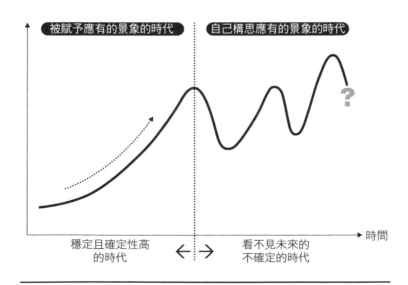

面來看，兩者本質上雖然相同，但將操作性問題發現與策略性問題發現兩者分開加以掌握，就會比較容易了解（圖2-4）。

關鍵在於，操作性問題發現與策略性問題發現，就「應有的景象」是被賦予的，還是需要自己去構思「應有的景象」，在思考的立場或思維的難易度上大不相同。

例如向來受到法規保護的電力公司等地區性獨佔型產業，儘管對於企業的負責人而言，商業上的問題及課題設定幾乎都是策略性的，但是卻常看到大部分的案例還是根據操作性問題發現，在已成過去式的「應有的景象」下執行錯誤的解決方案。另外，有許多案例是無法構思出做為將來願景的下一個「應有的景象」，而陷入窘境的情況。

圖2-4　策略性問題發現與操作性問題發現

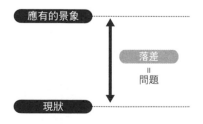

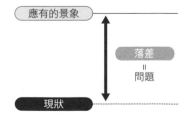

策略性問題發現
隨著「應有的景象」的不同，問題本身差異很大。

操作性問題發現
由於「應有的景象」是被賦予的，只要分析與「現狀」的落差就好。

應有的景象

落差
＝
問題

現狀

　　個人的情況也一樣，相較於目的・目標以及方法論已經抵定狀況下的問題發現・問題解決，目的模糊不清且目標也未定的狀況下，想要進行新的問題發現・問題解決，將會是非常困難的作業。

◆策略性問題發現的構思力是領導人的必要條件

　　現在大部分商業領導人所需要的是自己構思「應有的景象」的策略性問題發現力。以既有的架構及現在被賦予的角色・任務為基礎進行問題發現的操作性問題發現，與自行創造「應有的景象」架構本身的策略性問題發現之間，在掌握問題之觀點的擴展性上，以及當作誰的問題來掌握的視點上都會不同。而且，有時候目的本身有再定義的需要，隨著在哪個時間軸掌握問題的不同，問題也會大不相同。

　　所以說，以往擅長於操作性問題發現・解決的過去式商業領導人，不見得能成為今後優秀的具策略性問題發現力的策略家。日本企業在改組縮編後無法描繪新的「應有的景象」而成長停滯不前的原因之一，就在於未察覺操作性問題發現與策略性問題發現的極大差異。

2.1.3　策略性問題發現所需的4個技巧

　　策略性問題發現最需要的就是描繪「應有的景象」的構思力・發想力。因此需要4個技巧（圖2-5）。

圖2-5　策略性問題發現所需的4項技巧

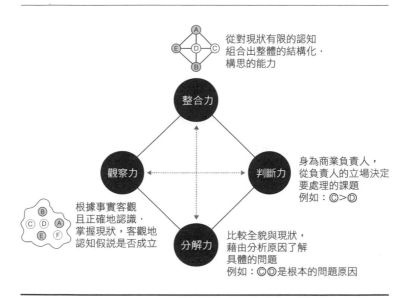

1️⃣ **觀察力**：根據事實客觀且正確認識，掌握現狀的能力

2️⃣ **判斷力**：身為商業負責人包含主觀進行選擇，判斷、決定之能力

3️⃣ **分解力**：將問題具邏輯性地分解、分析至具體程度的能力

4️⃣ **整合力**：從對現狀的有限的認知、掌握而組合出全貌的結構化、構思的能力

觀察力與判斷力、分解力與整合力，這是兩組相反的能

力。對於證據細密地觀察，並具有將事實現象一一打破的分解能力的分析家，不一定具有優秀的判斷力與整合力；反過來也一樣。這四項能力要能全部兼具而發揮作用，除了原本能力的問題之外，如果不能時常有意識地去留意，恐怕也很難做到。總之，部分的總和不一定會等於全部，而且即使看得到全部，如果不認識細部，就不會有任何進展。

另外，構思「應有的景象」不能忘記的是，商業上的構思力‧發想力也需要加入主觀及意識等人類固有的東西。無論多麼細密的觀察，商業上的判斷仍舊非常困難。在各種企業及個人的判斷的基礎當中都包含主觀。所謂企業的主觀，是指企業理念本身，以及企業文化。如果缺乏這種主觀的企業理念，企業就沒有存在的意義。

以上述的前提進行思考應該可以了解，操作性問題發現只要有觀察力與分解力就足以逼近本質了，但，必須能構思「應有的景象」的策略性問題發現，則需要擁有包含4項能力的綜合能力（**圖2-6**）。

其原因在於操作性問題發現的「應有的景象」是被賦予的，已清楚被限定，所以只要詳細觀察‧分解所收到的「應有的景象」與「現狀」的落差，其問題發現的流程雖然不到自動顯現的程度，但至少相當程度上可以看到。簡而言之，成敗就看觀察力與分解力。

另一方面，策略性問題發現在發現問題的流程中，在構思「應有的景象」的同時，也需要分析與「現狀」的落差，

圖2-6　為什麼需要策略性問題發現技巧？

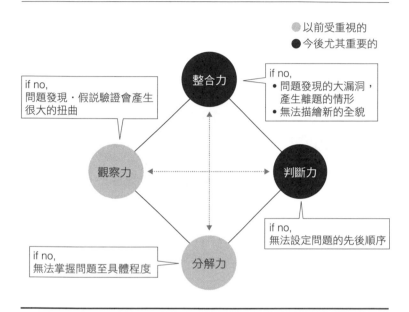

也就是需要觀察力與判斷力、分解力與整合力都平衡兼具的綜合能力。

那麼，以下開始介紹「問題發現的4P」，就是以這 4 個技巧為基礎，提升問題發現力，構思「應有的景象」時的架構，另外在第 3 部將介紹用於問題發現的系統性分析工具。

2.2 構思應有的景象的策略性「問題發現的4P」

　　構思用以發現問題的「應有的景象」的重要性，相信各位讀者已經很清楚了。那麼該如何進行構思呢？首先以個人的例子加以說明。

◆孩童時代所描繪的「應有的景象」充滿希望及實現的可能性

　　孩童時代所擁有的夢想，沒有不可能實現的。因為除非有相當特殊的狀況，不然將來夢想的「應有的景象」與「現實」的落差應該看起來都幾近於0。

　　請試著回想看看在那個時期你是怎麼描繪「應有的景象」的。想當棒球選手的夢想是因為在我孩童時期看到王貞治或長嶋茂雄活躍的英姿，於是就希望自己也能成為那樣，現在的小孩大概是看松井秀喜或鈴木一朗也說不定。看到降落在月球的阿波羅號太空人，心裏就想「我長大要當太空人」是我孩童時代的事了，現在的小孩大概是看著乘坐太空梭從太空傳送訊息回來的日本籍太空人的英姿吧。至少都是因為有邂逅可以做為將來標準或楷模的人或書、電影等契機，才設定出自己本身的「應有的景象」。

　　但是，隨著逐漸長大成為大人，已經很難把現實的自己

放在一旁，單純想著「想當什麼」、「想做什麼」。大部分的人在心中都已經建立好機制，在思考「應有的景象」之前，會以自己會的事情為基礎作思考，而自動排除那些不可能達成的目標。於是在不知不覺間，不再思考「想當什麼」、「想做什麼」，而變成「想進哪一家公司」、「哪裏的哪間公司的話，可以進得去」、「這種工作的話我可以做得來」這種不脫離現實的解決方案取向。對於觀念上已經有上述轉變的人，你對他說不要以解決方案取向，以零基準來思考未來的「應有的景象」，他應該也很難扭轉觀念。當事人恐怕已經養成這樣的思考習慣了吧。

◆模模糊糊地思考，將看不見「應有的景象」

企業的情形也相同。問問抱持問題的企業員工「你將來希望公司如何運作」、「你希望公司成為什麼樣的公司」，遲遲都得不到回答。但是，若請他舉出任何他心中認為的「問題」，哇，那可是一發不可收拾。好像如果可以沒有時間限制的話，他也可以不斷地提出「問題」似的。但是，如果問他「我知道問題了，那麼有沒有什麼解決方法」的話，剛才所提出如山高般的「問題」就會減為一半不到。也就是說，其中包含了一半以上「無法解決的問題」。但這些「無法解決的問題」當中只有一半才是真正無法解決的問題。另外一半則是「雖然是可以解決的問題，但因為問題的設定不當而無法解決」。也就是說，因為「應有的景象」模糊不清，與

「現狀」的落差不明確，即使感到有問題存在，卻處在難以朝解決之路邁進的狀態。

　　總之，就如到目前為止所說明的，跳躍式的解決方案取向是無法解決所有問題的。如果不能構思做為問題發現基礎的「應有的景象」，就無法逼近「問題」的本質。要構思「應有的景象」，抱持例如剛才舉例的「想成為像巨人隊長嶋那樣的球員」這種屬於標竿式的目標也算是方法之一。

　　但是現實上，沒有用於構思「應有的景象」的魔法鏡，也不存在用於確實掌握所構思的「應有的景象」與「現實」的落差以設定「問題」的黑盒子。無論用什麼樣的架構，如果沒有深入思考，是得不到答案的。

◆以客觀性與邏輯性為基礎，以主觀與感性為核心，來構思「應有的景象」

　　要構思「應有的景象」，有效率且有效果地進行企業活動，首先需要客觀性與邏輯性。客觀地掌握市場動向，並邏輯性地決定為了建構自家公司在該市場中的強項，應如何分配有限的經營資源，以及如何讓它適應市場環境。或者，客觀地掌握競爭對手的動向，並柔軟且邏輯性地整合該如何競爭（compete），或依情況而應該如何共創（collaborate）。

　　但是，從客觀性‧邏輯性所得到的狀況，讀取出什麼樣的意涵，最後如何判斷，以及如何行動等等，都與企業為了達到將來「應有的景象」的願景與基本理念大有關係。這都

與企業文化相連結，而企業文化可以主導經營者的經營目的及意識（意圖），甚至員工的行動及意識。因此，經營企業除了要經常以客觀性與邏輯性為基礎，主觀與感性也是不可或缺的要素。也就是說，客觀性與邏輯性的基礎再加上主觀與感性的核心，才會首度清楚浮現出「應有的景象」。其中客觀性・邏輯性主要與前述策略性問題發現所需的4項技巧中的觀察力・分解力相關，主觀與感性也與判斷力與整合力大有關係。

　　需要這種「應有的景象」的構思力的不只限於經營者。從各部門、以及每個個人的立場去進行觀察・分解所得到的狀況，連結目的或意志（意圖）並讀取出意涵，「應有的景象」就會變得明確，並可以從中看到問題。

◆隨著問題發現的主體視點的改變，「應有的景象」也 大相逕庭

　　無論企業經營如何科學化，問題發現的主體終究是人，「應有的景象」與問題的掌握方式都會隨著這個主體的視點轉變而大不相同。當然，人類在可視範圍內可以掌握的三度空間有其限度。但是，在逐漸開展的視野中，如果不能構思今後「應有的景象」的假說，就不可能設定用於進入下一個問題解決步驟的策略性課題。策略性問題發現需要運用4項技巧，以邏輯性與客觀性分析至最底層，最後藉由意識加以判斷，在反覆進行以上這些動作的過程中，問題才會逐漸釐

清，終至到達可以執行真正的解決問題。

◆用於構思「應有的景象」及發現問題的4P

　　用於構思「應有的景象」很有用的一種架構就是以下介紹的「問題發現的4P」。藉由這4P可構思「應有的景象」並確實掌握與「現狀」的落差，支援策略性問題發現的流程，做為檢查清單而可以更確實地發現問題（**圖2-7**、2-8）。

圖2-7　問題發現的4P

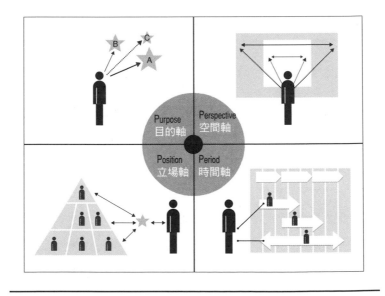

圖2-8　掌握「應有的景象」的問題發現的4P

是商業上目標設定的大前提。以企業層面來說就是經營理念，以直接面對個別問題的層面來說，就是訂定「為了什麼而執行」的目的。	掌握問題解決的整體集合在空間視野的擴展。架構的擴展因掌握方式或切入點不同，問題也大不相同。
	Purpose 目的軸　Perspective 空間軸 Position 立場軸　Period 時間軸	
由於商業上經常有上下關係或利害關係等立場交錯的情形，根據掌握問題的視點的位置，對問題的掌握方式也大不相同。	根據在時間軸上不同的時點，時期掌握問題，問題解決也會不同。是過去、現在、未來，還有所謂未來是近期內的將來還是遙遠的未來。或者，根據所掌握的期間的長短不同，問題也會不同。

所謂「問題發現的4P」，是指以下4項。

1. Purpose（目的軸）

2. Position（立場軸）

3. Perspective（空間軸）

4. Period（時間軸）

在發現問題時，每個P都屬於理所當然的概念，但有時可能模糊不清，或者會隨時間而改變，或者認知會因人而異等等。即使是完全相同的情況下，針對4P各自的設定方式，也會大幅左右「應有的景象」。其結果是，應處理的問

題也會跟著大幅改變。尤其是Purpose（目的軸）與Position（立場軸）當中當事人的主觀佔有相當大的比例，賦予問題固有性。

　　總之，欲掌握問題時，套入這4P整理一次就會知道了。不需要一定將4P全部填滿，而且如果不容易套用的話，可以從可套用的地方開始思考也沒關係。看看使用「問題發現的4P」思考的前與後，事物看起來有什麼改變，改變有多大，希望讀者能思考其間的差異。這樣的話，「應有的景象」是什麼樣子，以及「問題」究竟在哪裏，應該都可以比以前更清楚。

2.2.1　Purpose：究竟「為了什麼」（圖2-9）
重新檢視大前提的「目的軸」

　　人類的行動，以及商業活動中都存在「目的」。但是，「目的」一語，不同的人會有不同的理解方式。所謂「目的」，辭典中解釋為「想要實現或到達的目標事物；目標」（取自《廣辭林》）、「當作行動目標來思考，想做的事（想成為的人物）」（取自《新明解國語辭典》）。英文說成「Purpose」＝①（物品等的）目的、用途，②（人・行為等的）意圖、靶心、宗旨、目的、目標（取自《Random House 英和大辭典》）。

　　由上述也可得知，也許有的人將「目的」當作目標本

圖2-9　問題發現的4P：Purpose（目的軸）

身，也就是本書中所說的「應有的景象」本身，有的人認為畢竟就是瞄準的方向。在此所說的「目的」是指Purpose＝意圖、靶心、宗旨，究竟「為了什麼」而行動的，「為了什麼」而朝向那個方向，「為了什麼」才做下決定的意思。當然，將「目的」當作目標處理也沒問題，但為了能了解得更透徹，希望各位將目的理解成「為了什麼」來讀本書。

◆不知不覺間忘了「目的」

　　任何活動開始時，一定存在有「目的」。就算覺得是「自然而然地」動起來的，探索潛意識深處就會知道，原來還是有「目的」的。

　　例如「為了評估新研發產品的包裝，進行消費者訪談（User interview）」、「為了拓展新顧客，在店頭進行促銷活動」、「為了得知消費者對產品的使用感想，施行口頭意見調查」等等，在商業中或日常生活中，許多活動都是帶有「目的」。

　　但是，行動或活動恆常化，或重複相同內容的時候，由於不需要每次都回溯目的之後再行動，所以許多時候在不知不覺間，就忘了原本的目的。這麼一來，原本是為了達成目的的行動或活動，手段本身就已經「自我目的化」了。

　　例如，為了增進健康而去健身中心開始游泳。當初的目的原是「增進健康」，但每週2天，每次都游1公里的習慣轉化成了「每週2天都游1公里」的目的，即使身體有些不舒服也勉強去游。或者，那一週再怎麼努力就只能空出1天去游泳，就會認為「這樣子不行」，甚至工作早退也要遵守每週2天的游泳。像這樣，以身邊的一些案例，就可以找到許多「自我目的化」的情況。

　　以剛才的例子來說，原本應該是「為了評估新研發產品的包裝，進行消費者訪談」的，在每次推出新產品都會進行的過程中，「包裝評估」從原本的目的當中被剔除，而將「進行訪談」本身目的化。結果，即使這次推出的是與慣例目標不同的新產品時，仍然以「慣例」的人員進行「慣例」的調查，於是造成從調查結果讀取出的意涵帶來錯誤的結果。

　　另外，原本應該是「為了拓展新顧客，在店頭進行促銷活動」，卻只將焦點放在提高營業額，「目的」已被偷天換日了。或者原本應該是「為了得知消費者對產品的使用感想，進行口頭意見調查」，卻在不知不覺間變成在宣傳自家公司產品，而將銷售本身目的化了。

◆迷失原本的「目的」，造成錯誤的問題發現・解決

　　當然沒有錯，行動・活動・手段與達成原本目的是相連的。但是，當發生問題的時候，如果無法回溯到原本的目的，就是錯誤的問題發現・解決。在此所說的行動・活動・手段是指企業活動當中產生各種附加價值的活動，這些活動會衍生出商品及服務。

　　以游泳的案例來說，明明身體不舒服卻還去游泳的情況，如果原本目的是「每週2天都游1公里」的話就沒有問題。但是如果是從原本「增進健康」的目的為出發點，那就離題太遠了。

　　像這樣忘了原本的目的，以眼前的行動本身為目的掌握問題的話，會變成只在極狹隘範圍內進行問題發現。因此，有時會造成無法發現應該在某些情況下是可以解決的問題，或者有時會錯失了更優秀的解決方案，造成無法想出商業活動或商品・服務的替代方案，而那些都是用於達成原本目的的手段。

◆深入思考顧客的「目的」，才能夠了解顧客的需求

因為不知道「目的」，或者將手段本身目的化，所以找不到用於達成原本目的的解決方案，這樣的案例不勝枚舉。事實上，在各種營業的現場，因為無法洞察顧客的「目的」，所以進行的提案不得要領，因而喪失許多機會的情況很多。營業員及銷售員引出顧客目的的能力，在技巧上可能差異很大。

例如，一到售屋公司的現場樣品屋，首先會被要求填寫問卷。或者營業員會前來詢問：「請問想要幾個房間的房子呢？」、「請問預算大約多少？」、「請問年收入……？」等等。全部都是固定的問題。對於這些問題，即使顧客回答為了什麼，想要過什麼樣的生活等等，營業員幾乎都只是顯示出表面的關心。然後，只有在「那麼3房2廳的話應該可以吧？」、「這樣的話，複層公寓的形式您認為如何？」等等條件相符的時候，他們才會忽然變得興致勃勃。

買房子的時候，「想買3房2廳的房子」並不是「目的」。「想以4000萬日圓以內的預算買房子」當然也不是「目的」。「目的」——應該是「想要生活在市中心，孩子上學條件好，安全警衛設備完善的環境」的渴望，而其手段・條件才是預算在多少以內，隔間幾房幾廳之類的限定。很可惜，大部分預售屋的營業員腦中並沒有這樣的思維。

所以，目前為止房子可以賣出去，就某個角度而言，只是顧客自行判斷房屋物件及周邊環境，考慮條件是否符合後

所決定的結果。營業員只不過是進行了整理資料等事務性工作，或者扮演從顧客背後推一把的催促角色罷了。至少未能抵定細部條件，對於一面看房屋物件一面想著是否符合「目的」的顧客而言，營業員可說完全沒有發揮功能。

　　其他像百貨公司或超市、車商等，都時常可見到未深入思考顧客的「目的」，只要與達成目的的手段條件相符合的，就強力推銷的營業員。那樣子，顧客是不會有所行動的。

　　就上述意義來看，「目的」多樣化情況下的銷售，的確面臨非常困難的局面。而且，顧客方面如果不能清楚自覺自身的「目的」，購買後・使用・體驗後會產生與期待相當大的落差，而後悔「我到底為什麼當初會買這個啊⋯⋯」。

◆仔細思考「目的」，就能看見其他的解決方案

　　有一次我到附近的電子用品店，去買可以將數位相機中所拍攝的圖像下載到電腦的連接線組。最近的商品都將連接線組當成附屬品一起賣，但我的是初期的數位相機，要連接到該廠牌以外的電腦時，需要特殊的連接線組。於是請店員幫忙，但店員回覆說沒有庫存。我說不一定要原廠正貨，不能用其他品牌組合出可以用的嗎？店員說沒辦法。而且店員表示就算去調貨，目前不知道廠商有沒有庫存，就算有庫存也要等10天以上。

　　因為沒辦法了，我只好先回家一趟，用電話試著詢問其

他家電子用品店。果然得到的回答也是因為屬舊型產品，所以沒有連接線組的庫存。由於店員問我：「需不需要幫您詢問原廠庫存？」所以我就順口問問看：「還有沒有其他辦法？」結果店員回答說：「如果不限定使用連接線組的話，將相機的記憶卡取出來，有一種裝置可以直接從記憶卡讀取資料。」而且，還比連接線組便宜好幾千日圓。

「目的」是將數位相機拍攝的圖像下載到電腦裏，無論是直接從數位相機下載還是從記憶卡下載，都可以達成「目的」。結果，我跑到一開始去的那家店，那裏也有賣從記憶卡讀取資料的裝置。我故意問他：「你們明明有賣這個，為什麼一開始不告訴我呢？」店員回答：「那時候客人您找的是連接線組，所以我沒有另外進行推薦。」

店員和我都將「目的」固定在「買連接線組」的這個點上，所以處理問題的範圍被限定得很狹隘，而完全忘記了「下載圖像到電腦」的原本「目的」。

◆以數字目標為目的的限制

經營上的目標可以有營業額、營業額成長率、營業利益、營業利益率、ROA（總資產報酬率）、ROE（股東權益報酬率）、EVA（經濟附加價值）等各式各樣的數字目標，在大部分的企業中，如果提到「目標」的問題，都是指這些數字目標。但是需要注意，這樣的指標在經營課題的設定上，是否應該當作目標？

　　這是因為，在商業競爭的環境裏，如果設定了一些幾乎毫無根據、無論怎麼拼命也達不到的數字目標，該目標與現狀的落差要成為經營課題（問題），也是注定會失敗。儘管如此，這種明知不可為，卻仍超出其能力，以容易被市場接受的方式進行目標設定的情形，還是隨處可見。

　　在結構上無計可施的狀況下，即使每年營業額都逐漸降低，卻仍以擴大營業額為志向，這種毫無意義的中期經營計畫，其形狀就像曲棍球桿一般，所以被揶揄地稱為「曲棍球桿型」計畫（**圖2-10**）。

圖2-10　曲棍球桿型的目標設定

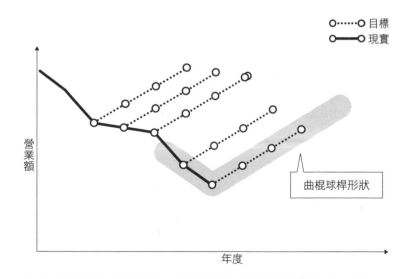

這種不可能達成的目標設定，不僅會降低員工的幹勁，根本就是無視於問題的本質，所以會造成問題的延誤，等發覺的時候可能已經無法挽回了。也就是說，問題不在目標與現狀的落差，而在於目標設定本身。所謂目標是指為了達成目的所設定到達點的狀態。亦即，目標屬於目的的下位概念。

具備目的的意識・意圖：提升視點，將思維擴展至現狀範圍之外

持續去追問目的＝「究竟為了什麼」，就會自動提高掌握事物的視點。「目的」是現在正在進行的作業或產品、服務、系統等已具體呈現出的所有事物的上位概念，具有「目的」意識就等於是將觀點放在比較高的地方進行鳥瞰一般。其結果是可以擴展視野。相比起來，沒有意識到「目的」的著眼點，只不過是整體的一小部分而已（**圖2-11**）。

尤其在問題發現中，要構思「應有的景象」最重要的就是其「目的」。藉由與其他的P（Perspective, Position, Period）一起思考到最極限的程度，將可導出未來「應有的景象」的願景。這對部門或個人而言，也和其各自的任務相連結。而在日常個人的活動中，就是各個行動的目的本身。

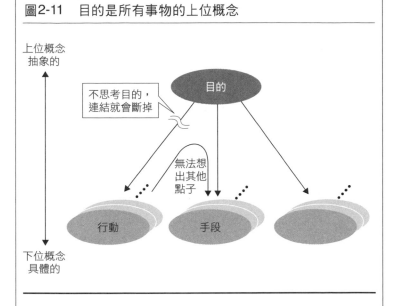

圖2-11 目的是所有事物的上位概念

上位概念
抽象的

不思考目的，
連結就會斷掉

目的

無法想
出其他
點子

行動

手段

下位概念
具體的

重點 在看不見目的時，一定要持續追問「究竟為了
什麼？」

以加入醫療保險的例子來做說明。「究竟為了什
麼？」→想到萬一生病的時候→「究竟為了什麼？」→
現在是還好，但如果丈夫先離開變成獨自生活的時候，
生病了沒有人照顧→「究竟為了什麼？」→生病的時
候，想要用保險金雇人來照顧→「究竟為了什麼？」→
思考要支付醫療保險費還是先儲蓄一筆未來雇看護的費
用，結果付醫療保險費的費用會較少→「究竟為了什
麼？」→可以盡量將存款保值，而且不用依靠小孩，為

了可以安心過老年生活……。像這樣深入挖掘「究竟為了什麼？」就逐漸可以知道適合哪一種醫療保險。否則，只掌握一開始「為了生病的時候而想加入醫療保險」的目的就執行的話，可能選項太廣而無法設定先後順序，或是不慎加入了不符希望的保險……。永遠不斷追問「究竟為了什麼？」是非常重要的。

另外，單純使用數字目標，將無法讓課題顯現出來。以上述例子來說，將支付的保險金當作數字目標，或以入院1天可得的保險補償金做為最初的目標，將會迷失原來的「目的」。重要的是，先掌握目的再設定目標。

2.2.2 Position：究竟「對誰而言」是問題？

明確釐清「立場軸」（圖2-12）

「Position」的意思是① 場所、位置、② 情勢、（做……）的立場、③ 地位、身分（取自《Random House 英和大辭典》）。也就是說，自己從哪個位置觀看該事情的場所或立場，就稱為「Position」。在組織當中也可稱為職位，有時候指的是從經營者的觀點還是從員工的觀點來看的所謂視點的位置。掌握問題時，弄清楚從哪個位置來看的立場軸，是非常重要的。

另一方面，所謂「立場」是「立足點」、「那個人所處

圖2-12　問題發現的4P：Position（立場軸）

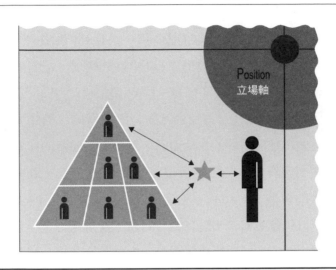

的境遇‧地位‧角色」、「對於支持那個人（組織）行動的
事物的觀點‧思考方式」（取自《新明解國語辭典》）。簡而
言之，就是站在什麼立場處理問題，也就是說，那是「對誰
而言」的問題，同時也限定「用什麼樣的想法處理問題」。
釐清上述內容，對於構思「應有的景象」，以及對於明確設
定問題都非常重要。

◆問題隨著立場軸而大不相同

　　所謂思考立場（Position），就是思考那是「對誰而言」
的問題。然後，隨著「對誰而言」的視點掌握方式的不同，
有時問題會有180度的轉變。轉變180度的話，利害關係會

變成對立。

　　隨著視點及立場的不同，對於對象事情的看法會有多大差異，用一個例子來說明。請看**圖2-13**，再轉180度看看。隨著觀看方向的不同，人物的形象有180度的轉變。這與問題隨著處理問題時的立場而不同是一樣的道理。

　　圖2-14是從《日經流通新聞》所擷取的一篇文章。就算對於開車技術很好的男性而言，算是極為簡單的停車位，但對開車沒有自信的主婦而言，寬度差30公分，就會變成超級大的難關了，可是主事者因為沒有站在主婦的立場思考，所以無論如何都不認為會有問題。當初都沒有人想到開車來買東西的主婦對超市而言是多麼重要的客戶。只在自己的視點看事情，結果可能出乎意料地帶來大問題。

圖2-13　改變視點，從不同方向觀看，你看見什麼現象？

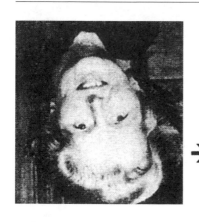 →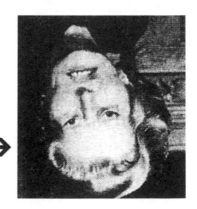

出處：Thomson, 1980

圖2-14　停車場的目的

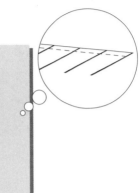

「30公分，僅僅這小小的差距帶給消費者莫大的壓力，之前卻沒有人發現。」地點位在市中心某大型超市的停車場。通常一輛車的停車格寬幅約2公尺30公分。但是在該超市，可能為了確保可停放車輛的台數，而縮短為2公尺。總公司幹部搭乘女性公司員工開的車輛，實際到店裡停車場調查，得知車子的確不好停，還努力喬了很久。「如果是車多混亂的時候，恐怕後面的車子會大按喇叭，使得顧客驚慌失措。（我的話）說不定會放棄停車直接回家。」

資料來源：《日經流通新聞》（1999.5.11）

◆地價下跌是好消息還是壞消息？

　　地價的下跌對於擁有不動產的人來說等於資產價值下跌，所以是大問題。尤其對於擁有的房子還有貸款要繳的家庭，或持有不良債權的銀行、不動產公司、建設公司、以及在首都圈臨海地擁有廣大閒置空地或工廠用地的大型企業，是屬於壞消息。但是另一方面，對於未持有不動產的新興企業或今後才要取得新住宅的年輕家庭而言，則屬於非常好的消息。

　　低利率的情況也相同，因為立場不同而觀感大不相同。對於滿身是債的債務人而言，有時候0.1%的利率差就可以決定他會不會破產，然而另一方面，對於仰賴存款做為年金

或養老金的高齡者而言，如同藏在自家衣櫃裏一般的低利率，光看著存款快速減少，原本應該很快樂的老年未來希望也隨著消失殆盡。

「問題」會隨著「目的」而改變，也會隨著上述的「立場」而大幅改變。即使是同樣的狀況，有的人認為是問題，也會有不這麼認為的人。也就是說，微妙的立場差異會讓問題一點一點逐漸變質。觀察政治的世界，就可以清楚了解。先不談黨的立場鮮明的共產黨和社民黨，其他的黨只有是執政黨或是在野黨的立場之別而已，對於同一件事，雙方都維持論點不明確的狀態下，一方當作「問題」來處理，另一方則認為「沒問題」。

◆徹底執行顧客視點的MK計程車

當我們提著很重的行李，想從新幹線車站搭1公里左右計程車的時候，雖然我們是顧客，卻不知為什麼叫車時總是心情十分沉重。對司機說「不好意思，我只搭短程，麻煩載我到A街，謝謝」之後，到現在還有司機會舌頭咂一下地抱怨「排班等了2個小時卻載到短程的，真是衰」，讓乘客留下很不好的感受。

標榜對顧客的服務品質，且在要求降價許可的行政訴訟中贏得勝利，在業界捲起一股降價旋風的先驅者MK計程車，在東京都內的起跳價格為600日圓。而一般計程車是660日圓，所以MK計程車便宜了約1成。而且，MK計程車

還提供無論距離遠近都可以預約的服務。

　　一般的計程車公司，必定會舉出司機薪水提高做為車費需要上漲的理由之一。但是，MK 計程車的低車費策略奏效，業績上揚，其結果也就實現了司機薪水的提高。而且，MK 計程車只雇用有計程車業務相關經驗的人當司機，且非常重視「MK 計程車車費便宜，司機有禮貌，車子又乾淨」的形象，尤其珍惜搭短程的乘客。

　　傳統計程車採取的立場是「對我們自己而言」。因此，他們從來沒想過乘客搭乘自己的車時，會有什麼感覺吧。對他們而言，「問題」在於如何才能有效率地攬到乘客，如何才能獲得遠程的乘客，所以完全沒有想要珍惜短程乘客的想法。但是，MK 計程車將視點（立場）放在「對顧客而言」，所以可以發現例如「搭短程時會有不好的感受」、「司機的態度實在很差」、「車子又臭又髒」這種事，對顧客而言會是「問題」。

　　也許有許多事情如果沒有日本運輸省（現國土交通省）的規定放寬，是無法實現的，但應該有些事即使在規定放寬之前，只要站在顧客立場處理「問題」，也是可以改善的。在規定已經放寬的現在，若是無法採取「對顧客而言」視點的公司，就沒辦法為員工加薪了。（參考：日經Business, 1997.11.17）

超越立場：要公平客觀地處理問題，就要脫離現在的立場

即使同一家公司，也會有因為不同人而處理問題方法差異很大的情況，其理由大部分是4P中的視點或立場不同所產生的。其原因在於組織雖然是個人的集合體，但處理問題的立場會隨著負責的部門或組織體制中層級的不同而不同（**圖2-15**）。要客觀地處理問題真相，首先必須先脫離立場，以零基準掌握問題。

重點 要能夠轉換到與自己不同的複數個視點

商業上，要確認自己處理問題的視點是否有扭曲，就要改變自己看問題的視點（立場）。有利害關係時，要站在對方的立場；而有產品‧服務接受者（顧客）的存在時，要站在顧客的立場進行思考。然後更進一步，站在包含兩者的立場思考，例如部門之間有對立情形時，試著站在經營者的社長的立場看看。或者試著站在類似律師或警察官之類的中立立場，或顧問這種第三者的立場來看。企業顧問的價值性之一就是看待問題的時候，沒有任何偏頗的立場。

總而言之，不能忘記處理問題的是人。人總是很難脫離立場或利害關係並以零基準去思考。正因為如此，必須時時意識到因為立場的不同所可能產生的扭曲，對

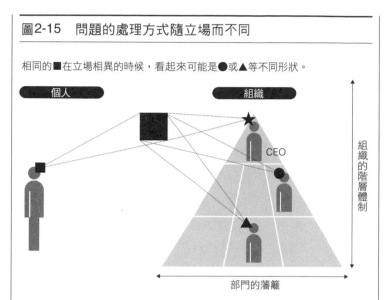

圖2-15　問題的處理方式隨立場而不同

相同的■在立場相異的時候，看起來可能是●或▲等不同形狀。

個人　　　　　　　　　組織

CEO

組織的階層體制

部門的藩籬

此必須有所認知才行。特別是在企業裏的問題，許多時候有上下關係、組織間藩籬等等不管你內心是否願意，都必須去決定各自立場的情況。而採取偏頗的立場掌握問題，則可能產生很離譜的結果。

社長的觀點與新進員工的觀點與課長的觀點，全都不一樣。例如，對於中間管理階層而言，最重要的觀點就是能夠將社長觀點與顧客觀點都運用自如。像這樣，當你可以轉換各種視點以掌握問題時，就可以些許矯正被固定且扭曲的著眼點。尤其是將觀點提升的動作，最終可以帶來處理問題的空間範圍自動擴大的效果。

2.2.3 Perspective：俯瞰問題

抵定思考領域擴展的「空間軸」（圖2-16）

　　關於圖2-17，若以縱軸的擴展架構來掌握問題，沒寫好的「13」會成為問題；若以橫軸的擴展架構來掌握問題，則沒寫好的「B」會成為問題。也就是說，根據掌握問題架構的處理方式不同，問題也會跟著改變。

　　Perspective包含景觀、視野、（基於各部門相互關係的認知上）全貌・大局觀點、遠見的意思（取自《Random House英和大辭典》）。也許是找不到能貼切傳達其語感與潛在意涵的翻譯詞彙，最近的翻譯書中時常可見直接寫

圖2-16　問題發現的4P：Perspective（空間軸）

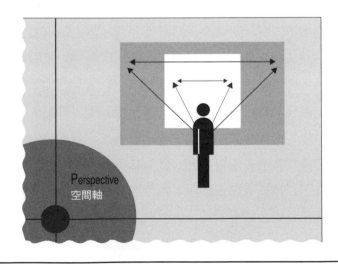

圖2-17　如何掌握架構的擴展？

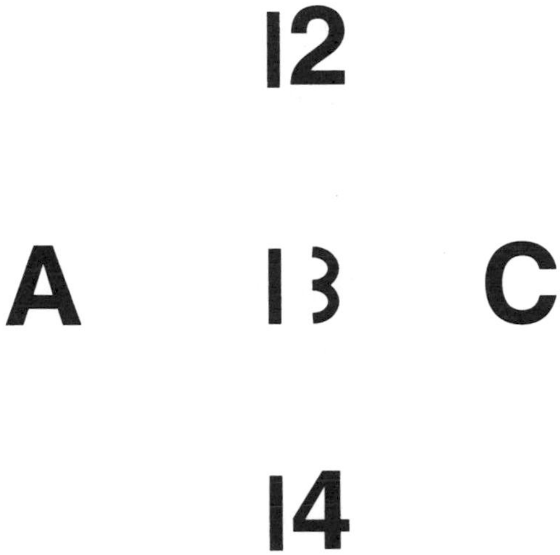

12

A   13   C

14

資料來源：《創意思考玩具庫》（*Thinkertoys*），Michael Michalko 著

「Perspective」的情形。在本書中，希望讀者能將Perspective當作複合地包含有上述各個單字語感意涵的字詞來看待。也可以說是規模，意思就是希望能盡量從高處掌握問題或事情，不要變得狹隘，而要有意識地寬廣地掌握整體。看使用什麼樣的Perspective進行掌握，「問題」也會隨之大不相同。

◆從東京看日本的石原慎太郎都知事的Perspective

　　例如石原慎太郎都知事（譯注：東京都長）在選舉公約中宣示「要從東京都改變國家政治」。按照該公約，石原與

其他府縣知事一起在外形標準課稅問題及汽車柴油引擎燃料問題上，對於國家行政的決策發揮了相當大的影響力。

　　以東京都知事的身分進行的工作，用「做好都政以提升都民生活品質」的Perspective加以掌握時，與用「改變國家中心都市的東京的政治，就等於改變國家的政治」的Perspective加以掌握時，規模就大不相同。也就是說，讓都民生活便利與讓國民生活便利是相通的，以這樣的Perspective來掌握時，問題的範圍及深度都大幅改變，解決方案應該也會因為開始的起點不同而有所差異。

　　另外，石原都知事因為視野寬廣受到正面評價的同時，另一方面也有因為政治立場的處理方式，而引發橫田基地之類的輿論，或導致自衛隊問題等爭議的情形。但是，都知事所有用於掌握問題的空間軸Perspective都很寬廣。因為問題越複雜，視野若不隨著增加寬廣度，將更無法看見問題的本質。

◆無法改變Perspective的道路管理制度

　　圖2-18顯示先進國家的領土每1萬平方公里的高速公路開通公里數。如果以全國土地面積為基礎計算，日本與其他先進國家差不多，但是以領土可住面積為基礎計算，則可以看出日本的高速公路多得驚人。

　　日本高速公路的營運方式，是從1972年開始由各高速公路個別評估收益性的方式，轉變為全國高速公路視為一體

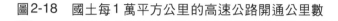

圖2-18　國土每 1 萬平方公里的高速公路開通公里數

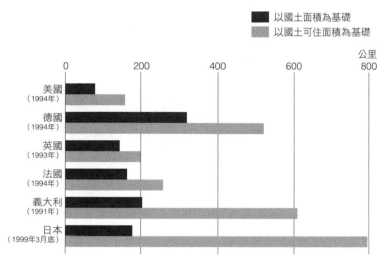

出處：國土交通省等（取自日經Business，2001.9.10）

而設定收費標準的「統一收費標準制」。其結果是，像東名高速公路這種投資早已回本並已產生收益的道路，仍然持續收費。如果採用個別評估收益的方式，東名應該早就可以免費通行了。另一方面，由於完全不去評估各高速公路的個別收益性，所以人煙稀少之地也大肆架設高速公路網。

　　根據民間智庫的試算，日本道路公營公司照現狀繼續經營下去的話，國民的負債於2047 年時將超過44 兆日圓。

　　高速公路的建設原本是基於「國土均衡發展」的目的，但是在政治家與官僚的權力較勁中，已經完全「自我目的化」

變成「擴大道路建設」，並未在事前事後以公共性與收益性的觀點客觀評估，結果變成自行增生而無法控制。

　　將至今的道路管理制度以4P進行整理，可得到以下結論。Purpose（目的軸）是「高速公路總長度的最大化」，既無公共性也無收益性。而Position（立場軸）是「對政治家及舊建設省‧道路公營公司相關人士與土木建設業者而言」，缺乏一般居民的視點。加上Perspective（空間軸）是「非可住區域也包含在內的國土全面遍布高速公路網」，Period（時間軸）則是借款的償還期間從當初的30年延長到40年，然後變50年等，即使導入統一收費標準制，償還的起算點仍舊不斷往後延。

　　4P全都偏離正軌，而問題特別嚴重的是，道路管理只將焦點狹隘地集中在「高速公路」上。高速公路的收益性問題固然很重要，但另一方面也不可忘記，全國總長度超過100萬公里的一般道路的存在。一般道路是我們平時會使用的道路，但幾乎都不夠寬。單向2線道以上的道路，在一般國道中也僅佔10%左右。

　　也就是說，今後的道路管理的Perspective為了實現對當地居民而言具有高度便利性的交通網，應該將重心從高速公路轉移至一般道路。在行政改革之下，雖然一直有高速公路公營公司民營化的呼聲，但在那之前，必須先將Perspective擴展至包含一般道路的「道路」本身才行。

◆Perspective 改變後的輝瑞藥廠的威而鋼研發

讓我們來看看，藉由彈性切換 Perspective 而誕生的劃時代新藥——威而鋼（Viagra）。原本輝瑞藥廠（Pfizer）的研究人員是將威而鋼當作治療心臟用藥而進行研發。但，在臨床實驗中發現，作用於提升心臟病患治療效果的機制，對男性勃起不全的治療也很有效。於是研究人員將對象疾病（Perspective）由心臟病切換為泌尿科疾病。

如果輝瑞藥廠的研究人員沒有上述切換 Perspective 而變更課題的彈性與權限的話，就無法產生這個新藥了。（參考：日經 Business，1999.4.19）

◆Perspective 擴展的程度

在構思「應有的景象」或進行「問題發現」的時候，弄清楚是以哪個 Perspective 進行處理是非常重要的。如果 Perspective 不明確，最終會導致「先思考解決方案」的結局，因為視野總是難免過於狹隘，或是脫離現實太遠。

以賞鳥的例子來看，也許會更清楚。想要觀賞某特定的鳥時，試著調整望遠鏡的焦點。有時候鳥看起來大而模糊，或有時候太遠了看不清楚，在試過各種情況後，一瞬間焦點對上了，就可以看見想找的鳥了。假設沒有決定特別要觀察的鳥，只是隨便跟著去賞鳥的人，即使與旁邊的人幾乎用相同的姿勢拿著望遠鏡看，隨著往哪個方向對焦的不同，想必看見的世界也相差很多吧。

　　就如上述，望遠鏡還可以知道轉哪裏可以怎麼動。但是，思考的Perspective一旦擴展得太廣泛，就會不知道該如何是好。不是單純地將視野擴大，Perspective 就會變寬廣的。

擴展・改變視野的空間：彈性改變所處理空間的大小與切入點

　　為了避免產生問題的疏漏與偏見，必須時常擴大思維・構思的思考空間範圍，然後讓切割空間的架構具備可改變的彈性。

　　要擴展Perspective，包含了「擷取寬廣的思考空間」的意思。正如字面所示，包含在狹小的房間裏思考與在寬廣的房間裏思考，其思緒的伸展會不相同的意思，也有採取寬闊的「思考範疇＝空間」的意思。並且，將擴展思考後的內容用某個架構試著加以重新掌握，否則，將會變成永遠只模糊地看待事物。而且，該架構本身不可以限制思維，必須具有彈性。

重點 試著提高「目的」的抽象度或視點

　　要擴大思考空間，首先要試著提升「目的」的抽象度或視點（立場）。

　　舉個日常常見的例子說明。假設從國外來了一位VIP，上司命令你去接待。「目的」在於「讓他領會日

本文化」，於是你想到安排住宿一晚的溫泉之旅。住宿完第二天他要與社長簽訂重要的契約，無論如何都必須讓他了解日本的優點。但是，那位VIP非常疲累，不敢吃生魚片等日本料理，也不習慣日式棉被鋪在地板上的睡法，對吵雜的宴會也感到倒胃口。

在這時候，要提高「目的」的抽象度來擴大Perspective。也就是說，將「讓他領會日本文化」抽象化變成「讓他體會悠閒放鬆的時光」的話，就沒必要安排宴會才藝，強迫他吃日本料理，也可以不用睡日式棉被。他可以一邊吃西餐，一邊輕鬆地聽潺潺溪水聲。眺望夜空中滿天的星斗，同時喝一點白蘭地好入睡，這樣的招待方式，應該才符合接待VIP的原本意涵吧。提高視點（立場），站在勞頓疲憊的VIP的立場來看，應該就會知道，這樣的待客方式更能夠展現出幾十倍真正日本的優越待客之道。

另外，改變思考空間的架構，也就是在掌握事情或問題時，是以怎樣的架構去掌握，與抵定Perspective的擴展同義。如前述輝瑞藥廠的威而鋼的例子，改變「目的」也是很重要的。尤其是在擴大思考空間時，單純將事物細分及分解的思維有其限制，還需要構思整體的思維。

2.2.4 Period：以「什麼時間點」的問題為問題

確定「時間軸」（圖2-19）

Period包含① 期間、時間、② （具有進行・經過）階段的意思（取自《Random House 英和大辭典》）。掌握問題時，如果不先弄清楚是以哪個「時間點」的問題進行掌握，以哪個「期間」的問題進行掌握，則很可能形成一個人說的是近期的將來，而另一個人談的是明天的事，結果內容完全兜不攏。過去、現在、近期的將來、遙遠的未來，以哪個時間點掌握問題，隨著時間設定的不同，問題也會大幅改變。

例如，試著思考交通事故的問題（**圖2-20**），時間軸放

圖2-19　問題發現的4P：Period（時間軸）

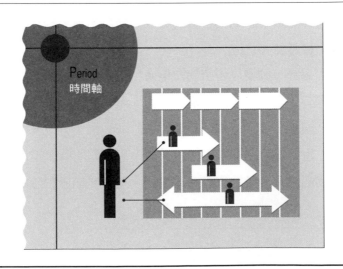

圖2-20　以時間軸的哪個時間點掌握問題？

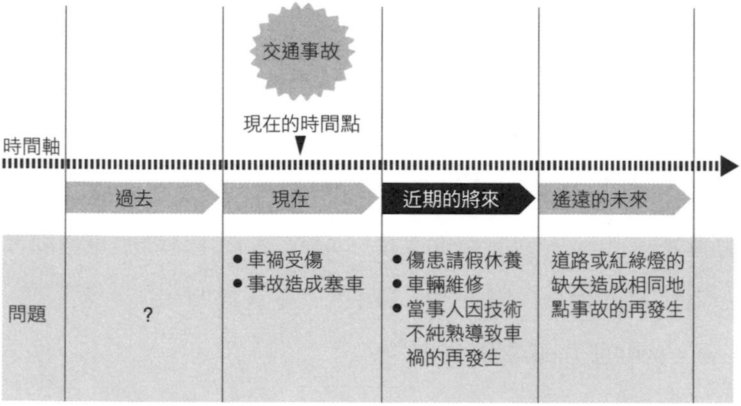

交通事故

現在的時間點

時間軸

過去	現在	近期的將來	遙遠的未來
問題　？	●車禍受傷 ●事故造成塞車	●傷患請假休養 ●車輛維修 ●當事人因技術不純熟導致車禍的再發生	道路或紅綠燈的缺失造成相同地點事故的再發生

在現在的時間點，則問題是傷患的理賠以及事故造成塞車，時間軸往後延伸到遙遠的未來時，問題則變成道路或紅綠燈的缺失造成相同地點重複發生車禍。也就是說，問題會隨著時間軸上設定的時間點與期間而改變。

◆掌握問題的時間軸有所偏差時，將無法解決問題

　　時常可見總論贊成但各論反對的情形，大多起因於目的（Purpose）的差異、立場（Position）的不同、擴展（Perspective）的相異，但即使上述3P相同，起因於時間軸模糊不清，或有差異的情形也很多。而大部分的情形都是將掌握問題的時間軸往後延而問題急速擴大，終至到了想解決的時候也已無法收拾的狀態。

有些企業由於投資了不良債權或不賺錢事業、低效率的子公司，為了低收益、虧損而苦惱的時候，對於改革所採取的態度不同，也是一個例子。當然，對於危機狀態的處理方式的Perspective，或者企業本身隨著經營者對企業的定位不同，處理問題的方式將大不相同。是要把企業重整的時間軸放在「現在」，在變化激烈的局勢當中，抱著可能受到嚴重衝擊的覺悟，大刀闊斧地改革，還是要永遠模糊地將時間軸放在「幾年後」，逃避眼前問題，寄望遙遠將來的「軟著陸」（soft landing），處理的課題將大不相同。

◆抱持嚴重衝擊覺悟的伊藤忠商事的重整

1997年，伊藤忠商事的營收雖然高達15兆2000億日圓，卻因為不良資產與結構上具有無收益的部門，而為低收益所苦，面臨十分危急的情況。在覺悟可能會面臨嚴重衝擊的風險下，該公司決定在經營上大膽的重整。這次的重整乍看之下像是一場賭注，因為社長丹羽宇一郎判斷將問題延後只會讓問題更擴大，雖然重整失敗也就完了，但如果不能現在馬上解決問題，結局也是一樣，於是他下定決心斷然執行重整。

在「Attractive and Powerful」（A&P）的理念下，他將焦點集中於重點事業領域（資訊、生活、消費、金融、資源開發）與北美地區，目標在於進行收益結構根本性的改革。其結果，雖然也有部分是因為幸運地遇上IT企業股價上漲，但

從 1998 年起連續 3 年脫離低迷狀態，在 2001 年 3 月的結算中，不但已處理掉負的遺產，且連結純利益上升到 700 億日圓，達到歷年最高。

讓時間軸獨立：試著設定用於解決問題的獨立時間軸

　　在思考問題的難易度與解決方案的自由度時，當然解決的時間軸也會受到限制，但首先一開始讓時間軸獨立以進行思考，對策略性問題發現是很重要的。

重點 　將時間軸放在未來進行思考

　　太靠近看的話，思維會受過去的架構影響，而無法清楚地看見問題。然而，在現在、近期的將來、以及遙遠的未來之中，最重要的時間軸是「近期的將來」。以企業經營來說，就是 2 年後、3 年後會如何。策略性問題發現所要做的，就是從遙遠的未來的企業願景所描繪的「應有的景象」來看近期的將來與現在。如前述，對於遙遠的未來可以達成總論贊成，但最困難且分歧最大的是近期的將來的處理方式。

2.3 「問題發現的4P」的相互作用

◆「問題發現的4P」在構思「應有的景象」的同時，進
行現狀分析，使問題浮現

　　在一開始即已說明「問題發現的4P」是用於問題發現時
構思「應有的景象」，確實掌握其與「現狀」的落差。但
是，在完全沒有題材的情形下即使去思考4P，「應有的景
象」也不會像變魔術一般出現。

　　假設某天早晨，你忽然想創立一個新事業，關於是什麼
樣的事業、或自己想做什麼樣的事情、期間到何時為止、投
資所需要的費用……等，如果你連初步模糊的看法或感覺都
沒有，完全毫無內容地就想以4P掌握未來願景，想寫出企
畫書，根本就是無稽之談。即使沒有明確成形，只是模模糊
糊的也好，看得見方向性，或知道自己的強項等，至少必須
先有某些種子條件，才能使用4P。

　　因此，在具備某種可成為核心的東西時，即使還很模糊
不成形，只要套用4P同時逐項去玩味思考，抽絲剝繭，
「應有的景象」應該就會清楚地浮現出來。然後，在這樣的
作業過程中，一定會思考到「現狀」，所以自然就會分析現
狀，從「應有的景象」與「現狀」的落差，問題就可以浮
現。正因為如此，所以才將4P稱為構思應有景象的「問題

發現的4P」。

◆使用4P 再次確認「應有的景象」是否確實無誤

　　第1章已經說明過，對一位可以跳到2m30cm的世界級跳高選手而言，2m 的目標不是他該處理的問題，遠遠超過2m45cm世界紀錄的2m90cm也不是他該處理的問題。

　　在這個案例中，假設當事人的應有的景象是2m45cm。此時的問題是2m45cm−2m30cm=15cm。於是，只要思考如何可以跳過這15cm，就可以一口氣將問題解決。但是，2m45cm這個「應有的景象」是否真的是適當的目標？說不定根本可以跳到2m55cm的，卻設定了過低的目標？或者說不定根本不可能跳到2m45cm的，只是選手個人妄想的美夢？如果真是這樣，那麼無論多麼努力想克服這15cm的差距，終究是不能解決問題的。

　　此時，要思考為什麼將「應有的景象」設定為2m45cm。說不定「目的」單純只是因為想要刷新現在的世界紀錄。或者，因為只要具備與世界紀錄相同水準的實力，就可以參加奧運且可望奪下金牌，所以目的說不定是在奧運的「金牌」。也或者是並不特別在意紀錄，而是希望繼續挑戰自己極限的可能性。2m45cm這個「應有的景象」隨著「目的」不同，對當事人而言，也有可能是不適當的。

　　另外，是在哪個時間點的「應有的景象」，問題也會隨著不同。目標是4年後的奧運，還是1年後就有奧運，隨著

時間點的不同，該差距是否可以解決就會大不相同，而且如果是以世界紀錄為目的，該紀錄隨時都有被刷新的可能性，所以時間軸也不能設定得太長。

◆透過「問題發現的4P」展望問題，就可以看見全貌

「問題發現的4P」是用於構思「應有的景象」，然後特定出「應有的景象」與「現狀」之間落差所形成的「問題」，它也是重要的結構，用於防止問題解決的步驟針對錯的問題。

總而言之，無論是「應有的景象」或「現狀」，以及它們之間落差形成的「問題」，都會隨著這4P的掌握方式而改變。而且，4P不是各自獨立的軸，而是可能會互相影響。

思考「目的」時，將掌握事物的「立場」，也就是視點提高，擴大視點的同時也有擴大「空間」的作用。也就是說，只要改變「目的」，立場軸、空間軸及時間軸也會自動跟著轉變。當然，立場軸改變的話，掌握事物的空間軸也會改變，也會出現與現狀的「目的」不相符的部分。或者，掌握問題的時間軸改變的話，也會自動影響空間軸及立場軸（圖2-21）。

假設為了看水底的東西，使用蛙鏡去看。將蛙鏡戴在臉上，慢慢地接近水面。這時，一開始因為水反射光線，總是無法特定出輪廓，但當蛙鏡貼到水面時，放眼去看，景象就會逐漸變得清晰。

圖2-21　相互影響且彼此相關聯的「發現問題的4P」

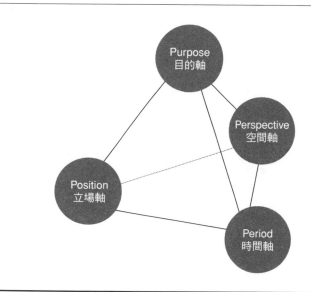

掌握「應有的景象」與「現狀」的落差，將問題明朗化的作業，就像是透過4P這個蛙鏡，調整焦距讓其景象逐漸清晰的作業。有效地綜合使用4P，就可以逐步掌握全貌。

以下透過實例說明，藉由綜合地利用「問題發現的4P」，讓「應有的景象」明朗化，同時設定問題的思考過程。

◆壽險的營業員應正確認識顧客「應有的景象」與「現狀」的落差

壽險是很難將顧客需求顯現化的商品。儘管如此，仍時

常可見劈頭就跳到「商品設計＝解決方案」，而沒有從「需求＝問題發現」開始的情形。壽險營業員本來的工作就是對客戶或潛在客戶一面談話，一面發掘出顧客的4P，從這些資訊了解顧客的「問題＝需求」，而回饋給壽險商品的設計部門。雖然4P間相互牽連，但為了讓讀者容易理解，以下分別加以說明。

(1) 目的軸（Purpose）：保險的目的該如何定位

保險的目的是什麼？假設你是一位35歲的男性，有妻子與1年級的長男和3歲的長女。由於孩子都還需要妻子照顧，所以妻子是全職家庭主婦。如果，現在遇上自己死亡的情況，生活費當然不用說，孩子今後的教育費以及房子的貸款該怎麼辦？

對這位男性而言，保險的目的在於如果孩子高中畢業之前自己發生了什麼事情，對家人生活的保障。其他還有許多因素，實際的商品設計還需要更詳細的資料，但大致而言，為了回應男子的需求，大部分會設計成到小孩高中畢業為止的期間內死亡的話理賠金較高，之後死亡理賠金額會減少。

另一位40歲男性的情況是與妻子兩個人過活。兩人都有工作，沒有小孩，而且今後也不打算生小孩。對這位男子而言壽險的目的在於「如果自己重病時，不希望給在工作的妻子帶來困擾。而且，如果被宣告來日無多的時候，希望能讓自己在生前有一些生活樂趣」。在這個案例中，設計醫療

保險搭配生前需求給付（壽險保險金可以在生前提領），會比壽險恰當。

　　像這樣，即使客戶只說想要買保險，隨著「目的」的不同，商品的選項也會改變。

(2)立場軸（Position）：對誰而言的保險

　　雖然有部分與「目的軸」重疊，但以剛才 35 歲男子為例，就是「對家人而言的保險」。至於 40 歲男性的案例，雖然「對自己而言的保險」意涵較強，但是若站在單純只是「對妻子而言的保險」立場加以觀察，則問題就會不同，商品設計也會改變。這個「對誰而言」的部分被疏忽的情形非常多。

(3)空間軸（Perspective）：未來希望如何生活的生涯規畫

　　前述 40 歲的男子為什麼會有「生前需求」（living needs）的想法，那是與本項 Perspective 的連結。也就是說，這位男性具有「如果自己得了癌症，剩下來日無多的時候，希望能清楚地知道自己的狀況，做完想做的事之後迎接死亡」的人生觀。以這樣的 Perspective 掌握壽險，就會得到結論是希望在世時能領到錢的商品，而不是領死亡理賠金。

　　又，一對年過 55 歲的夫婦，丈夫再過幾年就可以退休了，退休後希望在鄉下買個房子，悠閒地度過晚年。孩子們都已成人自立門戶了，所以與其特意留給孩子們什麼，不如為夫婦倆想做的事盡最大努力準備好環境。對這樣的夫婦而

言，不希望花太多錢在壽險上，而更希望是在生病或受傷時的醫療保險比較實在，終身都有保障之類的保險。但是，大部分的壽險公司之前都沒有處理終身醫療保險，還有一些壽險公司規定在超過某個年紀之後，就不能單純只加入醫療保險。

(4)時間軸（Period）：保障期間該如何設定

在壽險的情況，所謂保障期間的時間軸是非常關鍵的重點。因為經過一段時間後，需求可能會消失，或者有可預期的保險以外的經濟後盾（投資或退休金）。

剛才提到35歲男性的例子，到較小的女兒高中畢業為止的期間，會希望自己出了什麼事時的保障要豐厚些。現在女兒3歲，所以大約15年。如果想要等到大學畢業，則是20年。例如15年之間，以死亡時獲得最大的保障進行設計，則附定期保險的終身保險會是最恰當的，想要購買15年還是20年，支付的保險費金額不同。壽險的情況，時間軸與所需支付保險費的關係非常重要。無論剩下的另外3P考慮得多充分，仍然會有以時間軸思考後就下結論判斷為不適合的情況。壽險的期間問題，在一開始進行問題發現時要先思考某個還算理想的時間軸，等進入具體的解決階段時，就需要配合支付成本加以精算。

另外，剛才的40歲男性如果是要買對自己而言的保險，保障期間應該會是終身或接近終身的長期商品。

　　以上簡單敘述壽險與4P的關係，如上所述，4P中只要任何一項要素改變，其他3項要素都會受到影響。而且，這些最後都與如何掌握「應有的景象」，其結果如何將「應有的景象」與「現狀」的落差設定為問題（需求），以及如何解決等，全都息息相關。

實例　百貨公司賣場的「應有的景象」與「現狀」悖離甚多

　　週日到市中心的百貨公司，可以看到一片熱鬧混雜的狀況，令人懷疑是否真的不景氣。部分是因為地價的下跌，居民回流市中心所致，因此想要重振營業額，甚至計畫大幅增加賣場面積的百貨公司也有。但是，實際的狀況並非如此。如今要想穩定地達成數字目標非常困難，有些地方也可見到乏人問津的賣場。以百貨業整體來看，未來絕不是一片光明。百貨公司除了重整而收掉無效益的店面，或與其他的商家共同展店（像是三越與大塚家具），或者招攬高級名牌店之類的處理對策之外，難道真的沒辦法靠自己的力量解決問題嗎？許多百貨公司都為營業額與利益下降所苦。先不提受到泡沫經濟的賒帳影響而一間接著一間關店的SOGO，積極進取擁有未來的理想而朝氣蓬勃地活躍於業界的百貨公司又有幾間呢？

　　如果只看現狀，我想百貨公司是看不到相符的「應有的景象」。雖然店面表面上看來很熱鬧，但那只是暫時的。總而言之，就是無法確定應該呈現的樣貌。

因此，接下來試試看隨著百貨公司的4P掌握方式的不同，要如何構思「應有的景象」而可以發現問題。連帶地，「問題」本身也會大不相同，解決方案也會不同。必須徹底地重新構思「應有的景象」，從應有的景象與「現狀」的落差再次檢視問題，以零基準思考來處理，否則，無論多麼努力想解決眼前的問題，百貨公司也不會有光明的未來。

◆以4P整理百貨公司「應有的景象」

以4P來觀察百貨公司的賣場吧。首先看「目的軸」（Purpose），所謂百貨公司是「將社會生活所需的幾乎全部的商品集合銷售，大資本的零售商店」（取自《新明解國語辭典》），如上所述，從這個邏輯加以思考，就是「將全部需要的東西都蒐集齊全的店」吧。

但是，僅以這個目的來看的話，大型量販店也具相同的目的，而且價格競爭力更強，為了與量販店有所區隔，百貨公司附加上「品質優良、高級感、身分地位」等要素。也就是說，現代百貨公司的目的已經不是什麼都有就好了，還需要「將經過嚴選的好東西蒐集齊全，且提供讓您滿足於有身分地位生活的商品與服務」。

如果只看這一點，現在的百貨公司看起來似乎就已充分達到目的。但是，那只是表象而已。顧客所追求的不僅是「東西」。而是對於身為「個體」的自己，在特別的空間內可以享受到的愜意「服務」，而支付「額外附加的價格＝成本

（cost）」。這應該是不容置疑的，但大多數的百貨公司業績考核的目的相關係數，幾乎還是與量販店同樣注重「坪效」（賣場每單位面積的生產力）的最大化。也就是說，無論表面上如何高喊「顧客優先」的口號，在各種與顧客接觸的服務上，顧客滿意度總是淪為賣場效率的犧牲品。

　　在「立場軸」（Position）部分，像是大膽將賣場稱為「買場」的伊勢丹，當然是將視點放在顧客的立場，以追求更高級生活風格的人或氛圍的立場軸為主流。

　　在「時間軸」（Period）部分，與顧客之間不是建立短期的關係，而是主要著眼於維持長期的關係，也就是持續維持不盲目跟隨流行且顧客滿意度極高的狀態。這必須是從顧客「立場軸」的視點來看，提高商品以外的服務水準才有可能實現的。

　　然後，在「空間軸」（Perspective）部分，要更挑客戶層，鎖定今後逐漸增多的所謂富裕階層，目標放在成為「為您搭配整體生活風格」的店。當然，這與現在百貨公司的Perspective應該不同。這並不是只單純將一家家高級名牌店叫進來，當起不動產業者進行房東式的管理而已，而是要以獨特的概念為店鋪進行總體規畫（grand design）。

　　關於今後百貨公司處理的課題，當然各家百貨公司對4P的掌握方式不同，我想各自的概念或想法也多少有些差異，但至少看不出抱持著清楚的Perspective在執行的樣子。舉在市中心的百貨公司時常可見的例子，停車位要等上幾十分

鐘，刷卡付費一次就要花5～10分鐘以上。而且，可以輕鬆休息的地方很少，兩手提著行李逛賣場，讓買東西的樂趣完全消失。然後，最後不論消費多少錢，停車場仍然要另外付費。至少很難讓人覺得很盡興而想要再去。這就是百貨公司的「現狀」，與「應有的景象」的落差非常大。

如上述，藉由Perspective的擴展挑選客戶層，可以構思各式各樣的「應有的景象」，則店鋪設計可能可以更像展示廳（show room），或者可以採銷售員一對一的待客方式，進行極致的服務，也或者將外商的銷售方法引進來等等，思維應該可以更加開闊。如果還是維持現狀不從根本重新掌握「應有的景象」，抱著只是想解決「現狀」問題的想法的話，能夠存活的百貨公司必定只有少數幾家。

實例　典範變遷讓應處理的課題改變

以Lions Mansion案成名的大廈開發的龍頭企業大京公司，以強大的營業力急速成長，並以提供優秀營業員超水準的獎金與徹底的成果主義聞名。但是，隨著泡沫經濟的瓦解，公司擁有高額的不良債權而且業績不斷下滑。顧客的抱怨接踵而至，結果解約率也提高，形成即使營業額或銷售市佔率高，利益仍無法提升的企業體質（圖2-22）。

現在用「問題發現的4P」，將這個案例分成1998年長谷川正治社長著手改革的前與後進行整理（圖2-23）。在98年的「之前」是以短視的結構，僅以將超短期的契約數量最大

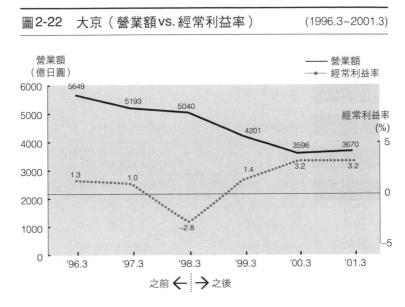

圖2-22 大京（營業額vs.經常利益率） (1996.3~2001.3)

資料來源：（股）大京HP，《公司四季報》（東洋經濟新報社）

化為目的，處理的問題總是營業員該如何提升業績。於是，
大京當時是最早導入「成果主義」式業績考核的公司，在
「之前」的快速成長期間，對於達成目的發揮了相當大的作
用。

　　但是，正如長谷川社長所說：「成果主義應該是導入做
為讓員工好好工作的催化劑。卻似乎變成對企業而言是用於
提升收益性的手段，對員工而言是給自己加薪的手段。目的
儼然已經被手段化，應該回歸到原本的目的才對。」在與
「之前」的泡沫經濟時期完全不同的嶄新典範中，「之前」
的「應有的景象」在掌握未來的問題上，變成了完全錯誤的

圖2-23　大京的4P

	之前（～1998）	之後（1998～）
Purpose（目的軸）	契約數量最大化	顧客滿意度為第一優先　住宅的「品質・機能」
Position（立場軸）	營業員＞公司＞顧客	顧客＞公司＞個人
Perspective（空間軸）	業績	從顧客用地的買進到商品企畫・建築・銷售的所有需求
Period（時間軸）	短期性，在圖面或基礎工程階段即進行營業（預售）	經過充分確認現場實物的品質・機能（成品銷售）
	↓	↓
所處理的問題	營業員業績的提升	顧客滿意度的提升

資料來源：《WEDGE》，2001.9

想法。即使成果主義當中超高的獎金讓營業員卯足全力，但輕忽顧客造成顧客抱怨的增加，並產生龐大的營業費用，結果明顯對收益造成壓迫。

　　因此，該公司於98年揭示了「以顧客滿意度為第一優先」的目的軸。立場軸的先後順序也是將顧客擺在第一順位。而且以考慮住宅顧客的全部需求做為Perspective（空間軸），為了絕對不做超短期的強迫銷售，將對顧客而言的時間軸設定為從以前在圖面階段就開始銷售的預售制，改為讓顧客充分確認品質・機能後再談買賣的成品銷售。

　　伴隨著獎金的廢除、預售的廢除、個人主義的廢除這種種改革所產生的陣痛，是初期的混亂場面與超級營業員的流

失等等。但，在「之後」確認「應有的景象」的願景下，藉由貫徹顧客第一的基本理念，房屋的解約率從最糟糕時期的超過 2 成壓低至 1 成以下，而且營業額也停止下滑，同時，利益率也大幅提高。要描繪「應有的景象」需要時間與耐性，但大京的案例告訴我們，只要盯緊新的處理課題並加以實踐，企業確實是可以改變的。

尤其在大京的案例中，可以知道藉由明確地盯緊目的軸與立場軸，其他的空間軸與時間軸也會大受影響而跟著轉變。誠如上述，4P 核心的 1 個或 2 個 P 改變的話，就會影響其他的 P 而讓整體跟著改變。（參考：《WEDGE》，2001.8.25）

◆所謂企業的「應有的景象」在於包含願景的經營理念

所謂經營理念就是「為了創造企業固有的新價值，指出應往哪個方向如何前進的意向與行動的方針」。經營理念必須是提高企業及個人士氣，並成為存在的憑藉。而且不能因短期商業環境變化而大幅改變，而是成為經營策略根基的企業行動‧倫理的規範。也就是說，就是企業固有的價值觀。

這個經營理念的願景中，有些企業會設定營業額或利益率／額，做為將來的目標。但是，營業額或利益只不過是用於確保將來成長投資的資金來源而已。企業的目的並不是為了利益而存在。利益終究不過是讓企業持續從事經濟活動並用於存續的汽油罷了。營業額與利益的數字無論多高，都無

法成為用於創造新價值的價值標準。

將經營理念更進一步加以具體化的是「基本理念」、「願景」、「行動規範」（**圖2-24**）。這些隨著企業的不同有各式各樣的稱呼，例如使命、目的、任務、價值觀、行動基準、行動方針、公司宗旨、公司社訓、經營方針、基本方針等等，但本質內容都不脫上述3項（基本理念／願景／行動規範）。

基本理念是企業存在的目的與根本的價值標準，也就是用於達成該目的的信念。就是自我主張，諸如究竟想用什麼方式創造什麼樣的新價值，那樣的做法究竟是好還是不好。也就是Purpose（目的軸）本身。

願景是符合策略規畫的目標，顯示事業範圍（domain），以及顯示往哪裏前進的方向性的東西。這個願景就是企業的「應有的景象」本身。以Purpose（目的軸）為基礎，顯示事業範圍的Perspective（空間軸），該在哪個時間點達成的Period（時間軸），以及對誰而言的願景的Position（立場軸），全部都相互關聯。

行動規範可以視為在基於基本理念達成企業願景時，做為實際判斷的基準。也就是說，在行動的時候具體顯示與誰以何種關係行動的價值基準。這是個別層面的Purpose（目的軸）。

像這樣，經營理念的3大要素中4P全部相互牽連的同時，也顯示出重視企業Purpose（目的軸）的程度。

圖2-24　經營理念的3大要素

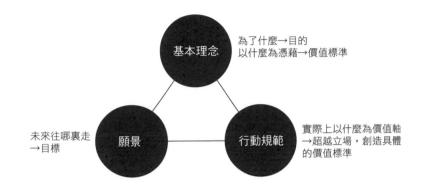

基本理念 （目的軸）	企業存在的目的與根本的價值標準，也就是用於達成該目的的信念。 經營手法是解決方法，風土‧文化是活動的結果，利益的追求是做為成長的資金來源，其本身不能成為基本理念。	「我們隨時以品質為第一。無論有多大的困難，仍永續且大量提供優良商品至國內外，希望對文化的進步提升有所貢獻」──企業目的〈ROHM公司〉
願景 （空間軸） （時間軸） （立場軸）	企業獨自應達到的理想景象，反映時代潮流並顯示成為策略規畫目標的事業範圍（domain）及大方向性。 對於支持企業經營的利害關係人（與企業直接／間接相關的人），就是顧客、股東、公司員工、交易對象、地區居民進行願景的溝通，最終可提高CE（顧客期望值），這非常重要。 ・空間軸：事業範圍 ・時間軸：應達成時期 ・立場軸：利害關係人的先後順序	「以成為網路服務核心的價值鏈公司為目標」──對21世紀的展望願景〈Sony〉 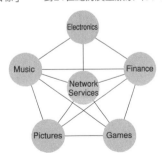
行動規範 （目的軸）	根據基本理念欲達成企業願景時，做為實際行動的判斷基準。 超越立場達成願景或必須考量風險，在進行策略性判斷時的行動與評估的當下，做為判斷的基準。	「製造世界上沒有的東西，是我們的研發策略」──超越組織體制的研發行動規範〈Keyence公司〉

藉由上述3大要素構成的經營理念，對企業及企業人而言，可以做為策略上考量風險時支持判斷的方針。而且，對於與企業共同成長‧發展的個人而言，也是支持其積極進取地面對挑戰的憑藉。也就是說，經營理念不是裱框掛在社長辦公室深處的裝飾品，而應該是每當採取任何行動時，經常在每個人腦中要自我提醒的內容。

所謂問題就是「應有的景象」與「現狀」的落差。要掌握落差，必須意識到策略性問題發現的思考方法，因而驅動「問題發現的4P」做為檢查項目，構思「應有的景象」，釐清問題。此時才能策略性地重新掌握問題。如果運用了「問題發現的4P」問題仍然模糊不清時，進一步進行下述第3部的分析是很重要的。

發現問題：分析篇

　　在第2 部說明為了發現「問題」，需要有構思「應有的景象」的能力，而「應有的景象」是發現「落差」的大前提。

　　在第3 部，我們將會分析以「應有的景象」與「現狀」的落差而掌握的「問題」，為了看清楚「問題」的本質而介紹各種分析方法。那就是由「擴展」、「深度」與「重要性」這3 個視點（**圖3-1**）將分析方法系統化，而這些分析方法的作用是盡可能將問題客觀化及具體化。

　　在透過「問題發現的4P」掌握「問題」的階段中，由於使用Perspective（空間軸）及Purpose（目的軸）進行觀察，所以應該已經某種程度做到了「擴展」與「深度」。而思考Position（立場軸）及Period（時間軸），相當於思考各軸中問題本身的「重要性」，如果是優秀的問題解決者，馬上就可以朝向解決方案的步驟前進了。

　　但是在本書中，在將「問題」視為應有的景象與現狀的「落差」的階段，更進一步藉由「擴展」、「深度」與「重要性」這些視點來結構性地掌握問題，期望能更明確且具體地設定「該解決的問題」。

　　像這樣按部就班進行的過程中，可以在部門間讓「問題」共有化至更具體的程度。而且，「問題」的結構明朗化，在前進到「解決方案」步驟之後，只要有需要，隨時都可以回頭思考，於是可以驗證該結構是否有效。

圖3-1 用於分析問題本質的3個視點

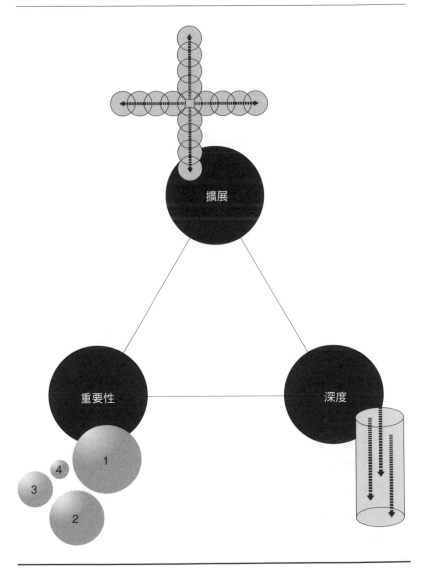

◆從「擴展」當中，找出產生「落差」的重要原因

在這裏所謂「擴展」，是用於掌握商業上問題的範圍。也可以說是與企業活動相關的所有範圍。

詳細內容將稍後說明。例如啤酒業界的「啤酒市場」，是否應該將發泡酒納入啤酒的範圍內，還是應該算不同的種類，這就屬於「擴展」。又例如，是否應該廣泛地掌握「啤酒市場」，將最近新增種類的「罐裝酎杯」（tyuhai，譯注：蒸餾酒加汽水的日式調酒）那種酒精濃度低的飲料也包含在內。

近年來，範圍的掌握變得非常困難，因為規範各種領域的界線越來越模糊了。由於放寬規定、顧客需求的變化、細分化、IT的進化帶來資訊全球化等，可以說，商業上界線的掌握因為上述種種原因而變得模糊。

另外，從不同的觀點來看，將商業的結構或消費的結構先零散地分解成以「個體」為基本單位，再考慮將之重新歸類的切入點或統整方式，都需要具有彈性的構思力。不是以相同的切入點單純將以前的商業範圍擴大而已，而是要將已分解成零散個體的東西重新連結組合，可能會出現完全不同的形狀。就像是將樂高積木做成的狗狗先拆解成零散的積木狀態，再補足不夠的零件，重新組裝成車子一樣。

在這種狀況下，過去的統整方式或切入點都變得沒有意義。即便如此，商業活動仍必須繼續進行，所以在所有的商業現場都出現過去的切入點與新的切入點不合的狀況。

例如冠上「綜合」名稱的百貨公司或量販店，字面的意思與產業狀態也相互悖離。職業部分也是一樣。以前的分類中無法表達的工作增多了。例如網頁設計師（ｗｅｂ designer）。有以前的「平面設計師」（graphic designer）在製作網頁，也有學習電腦技術的人或電玩製作者在進行網頁設計。雖然平面設計師與網頁設計師都屬於「設計師」的職種，但業務的領域範圍完全沒有重疊。

正因為如此，應該使用什麼樣的視點來考量「擴展」，在今後問題發現中的重要性更為增加。對於百貨公司應不應該蒐集齊全所有貨品這類的課題，不能再抱持漠不關心的態度。

◆掌握「深度」，並以結構來掌握問題，將問題具體化

另一方面，思考「深度」就是為了掌握問題的本質而將問題結構化並逼近其具體本質。換句話說，洞察商業的道理就是思考「深度」。

在商業上，一般用數字（利益或營業額等）來考核業績或表現。但，只掌握這種有時間延遲（time-lag）的成果數字就想要發現問題，頂多只能摸到表面，而往往看不見本質。換言之，為什麼會產生以這些數字做為成果的想法，是以什麼樣的機制產生的，如果缺乏將這些答案盡量科學化的技巧，就無法掌握真正的問題。這樣的話，就脫離不了只是高喊「營業額降低了，所以我們要努力提升營業額」這類口

號的精神論、本性論。

在一般人認為成功的企業，或者公司職員也以為成功的企業裏，即使將自家公司所擁有的問題提出來，並且呼籲「為什麼會發生這樣的問題，我們徹底來研究吧」，但通常大部分的討論都無法深入。總之，一般都無法做到為了逼近問題本質而去深入思考。原因在於越是資訊量增加，調查機制或資訊系統越完備，頭腦也就成反比例地越不能思考。我稱之為「思考與資訊的悖論（paradox）」，也就是資訊量越增加，就會過度依賴所接收到的資訊，一有不知道的部分就去追求更多資訊，而自然而然地不用自己的頭腦思考了。

◆排定「重要性」，設定處理問題的先後順序

所謂「重要性」，簡單一句話，就是評估問題與解決方案，並決定應該聚焦在哪一點上。那代表的是選擇與集中。在1990年代後半，許多企業斷然進行重整，當時高聲呼籲的就是選擇與集中。如果，到現在「選擇與集中」還只是寫在經營企畫書中空洞的字眼而沒有付諸實踐的話，就代表欠缺判斷「重要性」的評估軸和選取風險的決斷力，今後仍會是無法選擇與集中的企業。

為什麼在問題發現中也需要排定「重要性」，也就是設定處理問題的先後順序呢？只要想想問題發現與解決方案直接要承擔的風險就會明白了。為了執行解決方案，從當事者的時間與勞力開始，與各種經營資源或組織內外的關係人都

有相關。而這些經營資源無論是在企業層級或是部門層級，甚或是個人層級，都是有限的。因此，要將有限的經營資源在有限的時間內運用達到最有效率、最具影響力，如果全部未經整理就零散地執行，不如設定先後順序後再執行會比較好。但是，實際狀況則是：從企業層級到個人層級，這也是問題那也是問題，簡直是問題滿載。然後，結果每一個都半途而廢，對於重要的課題也沒認真處理就結束了。

那麼，為什麼無法聚焦於重要的問題呢？那是因為無法將不重要的問題判斷為不重要而將之捨棄。當然，這與問題的「深度」也有關係，在許多時候，是由於缺乏判斷、評估該捨棄什麼的軸，或者那個軸搖擺不定的緣故。這樣的情況就本質來說，與對商業所採取的態度那份自我責任感大有關係。

舉某個企業的TQC（全面品管）活動為例。該公司雖然得到戴明（Deming）獎與日科技連獎，近幾年業務改善活動卻總是沒有活力。TQC本部為了增加活力，導入規定及獎金制度，但仍無法像以往那樣踴躍。但是，從現場觀察，就可以發現已經都改善得差不多了，想要提出更好的改善方案實在很難。儘管如此，以改善的數量進行競爭的規定並沒有變。重要的明明應該是改善的品質才對啊……。

即使在這樣的現場，仍發生無法排定「重要性」而無法聚焦於問題本質的現象。

　　如在第1部所說明的，在問題發現的過程中，問題解決的方向性將自動浮現。而且藉由注意到「擴展」、「深度」、「重要性」這3項，將可確實掌握問題本質，朝向解決方案邁進。

　　第3部是問題發現分析篇，將說明從「應有的景象」與「現狀」的「落差」將問題的本質結構化、分析及具體化的各種分析技術。首先在第3章先說明做為分析基礎的「假說思考與分析力」的關係。第4章之後將針對分析「擴展」、「深度」、「重要性」的典型手法，沿著

(1)所知內容
(2)分析的類型
(3)分析的應用
(4)練習題

的基本構成，對於日常工作上皆可活用的層面，穿插各種案例與練習同時進行介紹。

假說思考與分析力缺一不可

從現狀分析製造假說，
藉由分析該假說並進行驗證的「假說—驗證的循環」，
是所有分析的基礎。

　　「零基準思考」與「假說思考」是在問題解決時2項重要的基本思考。所謂「假說思考」就是「即使只有有限的時間及有限的資訊，也必須做出那個時間點的結論，並付諸實行」。與「假說思考」相對的是「狀況說明」。狀況說明的思考方式不具有自己的結論，自始至終都僅止於說明狀況或事實的思考。「假說思考」不是只是模糊地掌握狀況，而是從掌握該狀況的結構而引申出其意涵或方向性，歸結出顯示下一個行動的方向性結論的思考方式。

　　為了解決問題而運用假說思考時，藉由多次重複So what？（結果會如何）與Why？（為什麼？）的循環以釐清問題的結構，以追求解決的正道是非常重要的。而且，「假說思考」對於驗證‧分析所發現的「問題」本質，是非常有效的思考方式。

　　例如，假設有一個人運動神經很發達，但稍偏肥胖。他的「應有的景象」是擁有像運動員般滿身肌肉的體型，但「現狀」是身高174公分，體重73公斤，偏肥胖的體型。對於這樣的狀態，他模糊地認為有些「問題」。但，如果他只是籠統地喊著「有問題」、「有問題」，「問題」的本質是無法明朗化的。於是「假說思考」登場。在這個時間點，首先掌握問題的第一步是，認知「現狀」為「身高174公分，體重73公斤偏肥胖的體型，不是像運動員般滿身肌肉的體型」。下一個步驟是必須構思自己企圖達成的「應有的景

象」，具體思考在哪裏有什麼樣的「問題」。

　　所謂運動員般的「應有的景象」，究竟是指什麼樣的運動員？是鈴木一朗那樣窄瘦型的肌肉體型，還是像專業摔角選手的肌肉體型？例如相撲選手，也許不是非常符合肌肉體型這個詞彙的形象，但相撲選手也是運動員喔。如果是以未來當上相撲選手而以橫綱為目標的「應有的景象」，那麼現在的身高體重的問題，在認識「現狀」後質問So what？（結果會如何）的話，可能答案會是「必須更胖才行，現在太瘦了」。

　　甚至要更進一步，以事實為基礎再次驗證那是否真的是問題。因此，根據Why（為什麼？）為了證明那真的是問題，必須確認抵定「新弟子檢查基準」中身高173公分，體重75公斤以上仍屬體重不足的事實，以提升問題的精確度。像這樣在「假說―驗證的循環」中，利用So What？（結果會如何）思考其中意涵，引申出問題，藉由Why？（為什麼？）再次驗證那是否真的是問題，就這樣反覆進行，從結構上逐漸釐清「應有的景象」與「現狀」的落差所產生出的問題的本質。

◆分析時圖表化的祕訣

　　在此稍微提一下分析的基本原則。在分析的時候，盡量養成習慣，要製作視覺化的圖表。**圖3-2**是將完全相同的數據製作成表格與曲線圖的情形。暫且不論那些光看數字就會

圖3-2　表格與曲線圖的比較

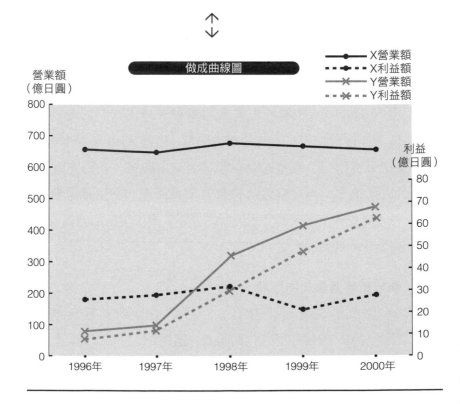

只做成表格

（單位：億日圓）

	年度	1996	1997	1998	1999	2000
X事業	營業額	660	650	680	670	658
	利益	26	28	32	22	29
Y事業	營業額	80	100	320	420	480
	利益	8	12	30	48	64

在腦中自動出現視覺概念的人，或平常就在處理數字的人，對一般人而言，很明顯地，曲線圖會比較容易了解。而且，藉由視覺化處理，差異可以由視覺判別，也很容易引申得知其中意涵。

看這個表或曲線圖可以得知Ｘ事業的營業額落在600-700億日圓一帶。利益也在30億日圓上下。這些是從表格或曲線圖都可讀取到的事實。但是，曲線圖更容易看出兩者的差異。結果，藉由這種視覺化處理，現狀認知變得極為清晰，因此可以更容易讀取出各個項目分別代表的意涵。

假設這個企業的「應有的景象」之一為擴大營業額與改善收益率。這麼一來，可以將意涵之一的「Ｘ事業營業額雖然高，營業額與收益性都呈現持平，故今後要更加強效率。另一方面，Ｙ事業的營業額與收益性可以預期會大幅成長，故將之做為今後的利潤支柱」設定為假說。當然，這是一個假說，但也可以藉以明瞭利用曲線圖使得從事實讀取出的意涵更為鮮明。

在分析的時候，圖表化的重點有3項：

1　以2次元掌握事物……仔細思考Ｘ軸‧Ｙ軸的意思

2　一定要從分析中引申出意涵……徹底思考So what？（結果會如何？）

3　分別使用定量分析與定性分析……徹底解析問題的結構及機制。

3.1 以2次元掌握事物

仔細思考X軸・Y軸的意思

　　試想以2次元思考時，X軸・Y軸的使用方式。**圖3-3**是時常會用到的圓形圖（pie chart），事實上，這種圓形圖中只有1個軸。也就是說，與1個長條型的柱狀圖是類似的。因此，用圓形圖想要看出時序上的變化，是不可能的。有的人會在一個圖中放入4、5個不同時點的圓形圖，但從圓形圖只有1個軸的觀點來看，這時不如使用如圖右下方的柱狀圖，市佔率用Y軸，時間變化以X軸表現，可以更清楚地讀取出其意涵。

　　而且，如**圖3-4**左圖所示，是時常可見的類型，不具任何意義地只是列出各企業的營業利益率，此時只有營業利益率1個軸而已。假如，現在想在那裏加入另一個軸，例如依營業額的高低排列順序。這麼一來，一個軸是營業額高低順序，另一個軸是營業利益率，就變成可以判斷營業額與營業利益率之間有何關係的分析。此時如右圖所示，可得知營業額與營業利益率之間的關係。

　　這就是思考X軸・Y軸的意涵。但是，大多數的情況只是利用電腦內建的圖表製作軟體，做出漂亮的圖表就滿足了，其實不然。那不僅不能成為銳利的分析，甚至只是毫無

圖3-3 思考X軸與Y軸的意涵❶

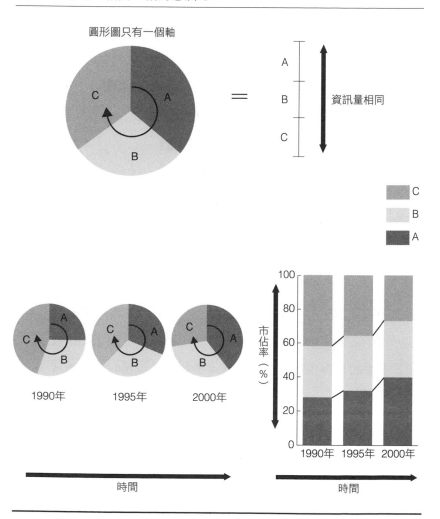

圖3-4 思考X軸與Y軸的意涵❷

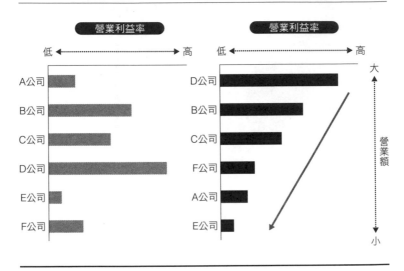

意義的畫成3次元，或者毫無意義的上色，反而讀取不出意
涵，也阻礙基於事實的客觀分析。即使加入富士山或櫻花背
景，無論製作得多麼漂亮，只要無法讀取到意涵的圖表，就
沒有意義。

3.2　一定要從分析中引申出意涵

徹底思考So what？（結果會如何？）

下一個步驟是根據上述圖表進行分析，思考其中意涵，也就是思考So what？（結果會如何？），再做出假說。做出假說與銳利的分析是車子的兩輪，缺一不可。如**圖3-5**所示，如果進行了某種分析，一定要用So what？引申出其中所蘊含的內容。所表示的內容為何，或者想表達的內容為何的假說一旦清楚設定，接下來就進行用於證明該假說的分

圖3-5　圖表的基本結構

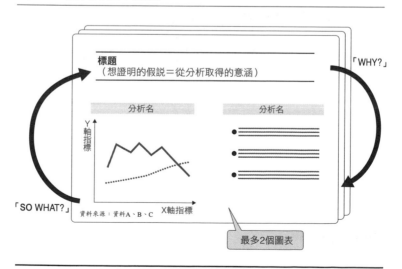

析，或再次重新檢視一開始的分析。如果要證明該假說卻還欠缺重要的分析，只要蒐集、調查用於證明該部分的資訊，並加以分析就可以了。

以**圖3-6**來說，假設分析的結果是「天空多雲」這樣的狀況。其中所引申出的意涵雖然會隨著前述問題發現的4P而改變，但假設引申出「帶傘去以備下雨之需」的假說。這自然是從「天空多雲」的分析推導得出「大概會下雨」的意涵，但若當初分析的「天空多雲」無法充分支持該假說的話，則要追加驗證分析。利用「今天降雨機率為90%」的分析以證明‧支持「帶傘去以備下雨之需」的假說是對的。

圖3-6　假說─驗證的循環

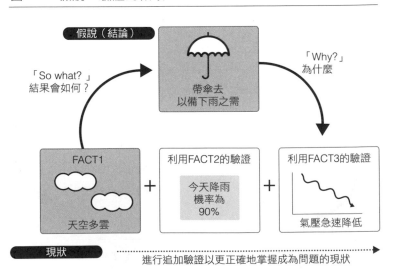

　　也就是說，要提高分析力必須從狀況分析引申出假說，並思考更進一步用於有效地驗證該假說的分析。一面多次重複這個「假說─驗證的循環」，一面進行包含圖表等重組的作業，是很重要的。要將想說的話表現成讓人容易了解的提案書，是由假說（也就是所引申出的意涵）與支持該意涵的分析圖表以邏輯性簡潔的表達所構成的。這樣的提案書當然不但是頁數少，而且訊息要正確傳達。

3.3 分別使用定量分析與定性分析
徹底解析問題的結構及機制

　　分析方式中，定量分析不一定永遠是最好的方式。例如很多時候母數數量雖然少，但個別的深入訪談或團體訪談反而可以更深入掌握問題，或在製造假說方面可以更有效。

　　但是，可以定量化的東西盡可能定量化，可以縮小與實際狀態的差距。例如圖3-7所示的營業員的日常時間管理，

圖3-7　營業員的1天

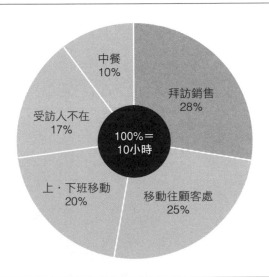

中餐
10%

拜訪銷售
28%

受訪人不在
17%

100%＝
10小時

上‧下班移動
20%

移動往顧客處
25%

一旦定量化，就會知道用於移動的時間比想像來得多，而實際用於營業或商談的時間極少。應該藉由客觀的定量化，盡可能進行反映實際狀態的分析。

但是，一旦踏上所謂定量化的步驟，基本上數字都會有時間延遲的問題。而且，數字畢竟是結果，不一定從其中可以讀取出問題的本質。因此，想要深入洞察問題，以自己的方式建構對問題的假說，定性分析及調查是不可或缺的。

思考問題的結構或機制時，徹底進行個人訪談或團體訪談是非常重要的。時常有人會說「為了驗證假說而進行研究」，但為了做成假說而進行事前的訪談也很重要。在這種時候，不要委託市調公司等等，而要用自己的眼睛和耳朵與雙腳來執行訪談。藉由親身力行，去感受業界的基本情況，大多時候用身體所感受到的大致就足以做出與結構或問題相關的假說。為了洞察存在於定量數字背後的結構或機制，定性分析是不可或缺的。

第 4 章

從「擴展」當中找出產生落差的重要原因

藉由問題發現的4P 掌握「應有的景象」與「現狀」的「落差」，
正確掌握該「落差」的「擴展」，
就能夠找到產生「落差」的重要原因。

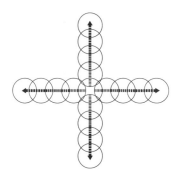

在掌握商業上的課題時，所謂抵定「擴展」，就是先設定以什麼樣大小的架構及切入點來看問題。是要用放大鏡看非常小的範圍，深入觀察細微處，鉅細靡遺地進行分析？或者用望遠鏡概觀寬廣的大範圍？以什麼樣的範圍掌握問題，並進一步分析，首先抵定「擴展」正是分析的第一步。

這只是大致揣測一下在哪個部分可能有問題。沒有抵定「擴展」而從一開始就微觀、局部的掌握事物，則問題的掌握將會出現大漏洞，其後的分析無論如何縝密，結果都可能是針對錯的問題，也就是說會白白浪費資源。

4.1 MECE
用於抵定問題擴展的基本概念

所知內容

　　所謂MECE（**圖4-1**）是「互不重複，全無遺漏」的集合的概念。以下是小學的算術題目。「全班人數共40人。喜歡算術的有25人，喜歡國語的有15人，兩個都喜歡的有10人。那麼，請問兩個都討厭的有幾人？」答案是10人。也就是說算術和國語都喜歡的人＝重複部分有10人，所以喜歡國語或算術的人是全班中的25+15−10=30人。其他的人就是兩個都討厭的人，所以是40−30=10人。這就是MECE的思考方式，是大家在小學都學過的集合的基本概念（**圖4-2**）。

　　這個「遺漏與重疊」的集合概念，在商業上非常重要。一旦有重大的遺漏，之後可能讓你大喊「完蛋了！」而導致巨大的損失。例如，在建構香菸的銷售通路網的時候，忘了要涵蓋高速公路休息站或停車區的商店或自動販賣機，而造成重大機會的損失。

　　另一方面，也可能有實際執行者出現大幅重疊的情況，

圖4-1　MECE* 的概念

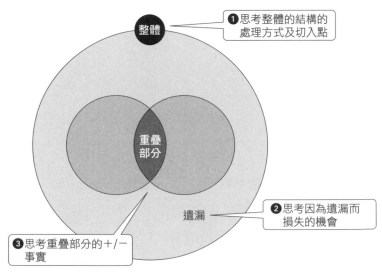

● 思考整體的結構的
　處理方式及切入點

整體

重疊
部分

遺漏

❷ 思考因為遺漏而
　損失的機會

❸ 思考重疊部分的＋/－
　事實

* **M**utually **E**xclusive **C**ollectively **E**xhaustive
（注）在麥肯錫公司稱為MECE

形成資源重複分配，且非常沒有效率。例如同公司的營業員
分頭去接觸相同的客戶、重複寄送多封相同的宣傳單給相同
的顧客、同公司的電話銷售員分別多次打電話給同一位顧
客，等等。雖然也有些策略是故意重疊，以增加接觸機會及
銷售機會，但太過纏人的促銷方式容易讓顧客產生反感，往
往會流失商機。也許你正想著應該不會發生這種情形吧，但
即使已經特別注意了，卻時常會發生。

圖4-2 MECE 的思考方式

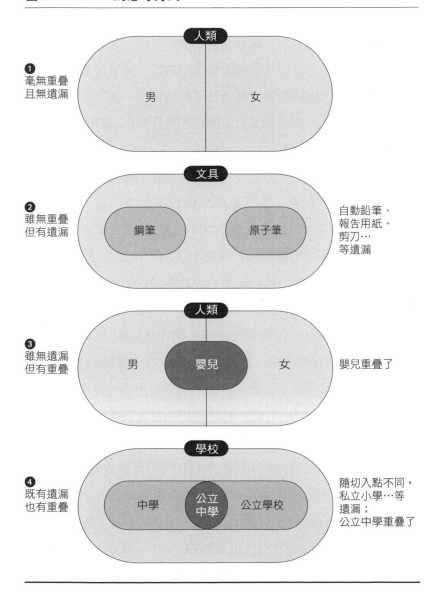

❶
毫無重疊
且無遺漏

人類

男　　　女

❷
雖無重疊
但有遺漏

文具

鋼筆　　原子筆

自動鉛筆、
報告用紙、
剪刀…
等遺漏

❸
雖無遺漏
但有重疊

人類

男　嬰兒　女

嬰兒重疊了

❹
既有遺漏
也有重疊

學校

中學　公立中學　公立學校

隨切入點不同，
私立小學…等
遺漏；
公立中學重疊了

分析的類型

1. 整體架構的處理方式，將會改變問題

　　掌握問題時，必須注意處理的課題會隨著擴展的抵定方式，也就是以什麼為整體架構進行掌握而變化。這對企業而言，就是如何掌握事業領域的架構或商業活動的範圍，或者目標顧客的擴展等的內容。

　　以啤酒業界為例進行思考。現在若將啤酒與發泡酒都算是大框架中的「啤酒」加以掌握，則日本國內市場已經成熟，成長趨於平緩的狀態。對於2000年之前以去掉發泡酒的「真啤酒」進行掌握的朝日啤酒，與以「啤酒＋發泡酒」為啤酒市場進行掌握的麒麟啤酒，或是將領域更擴大，連屬於低酒精濃度飲料的「酎杯」都當作同一範疇加以掌握的企業而言，都有各自不同的經營課題。例如，2001年春天發泡酒「本生」上市之前，對朝日啤酒而言，確保SUPER DRY的成長是最重要的課題。但是，隨著發泡酒的登場，業界結構大幅改變。之前有較一般啤酒貴的惠比壽啤酒之類的PREMIUM BEER等，也有價格很便宜的進口啤酒或超市的PB商品等，雖然的確存在不同的價格帶，但以發泡酒145日圓的價位，在啤酒市場周邊創造了新的低價軸。於是，在145日圓這個低價位的切入點中，產生出新的競爭局面。結果，寶酒造的「罐裝酎杯」、SUNTORY的Cocktail Bar、麒麟啤酒的「冰結果汁」、朝日啤酒的GOLITTYU、

MERCIAN 的 Fruits on the Bar 這些低酒精濃度飲料相繼上市，對象重疊，啤酒與其他商品之間的界線越來越難釐清。

也就是說除了發泡酒之外，包含罐裝酚杯或碳酸類低酒精濃度飲料的低價位商品，也需要思考納入廣義的啤酒領域。尤其雖然現狀上酚杯類的市場規模還很小，但從其快速成長來看的話，未來發展將無法忽視。因此，不該只思考在沒有成長性的啤酒或「啤酒＋發泡酒」這種狹隘領域內的競爭，如果沒有考慮到低酒精濃度飲料整體的策略，將無法回應年輕世代這個具新口味取向顧客群的需求，只標榜啤酒的企業將有被淘汰的危險。

如上所述，問題會隨著領域的掌握方式、切入點的掌握方式而改變。

另一個例子是，某醫療器材製造商的事業領域曾經非常競爭，而且一直以來都只以「人類」為對象進行思考。但是，有一次忽然靈機一動，發現只要技術稍作改良，就可以做成適用於狗或貓等動物。瀏覽整個都會區，可以看到很多動物醫院，市場也就擴大了。太過拘泥於人類這個框架，將會疏忽掉在外側領域的潛在市場。這也是將整體結構的掌握方式拘泥於既有的領域時，常常會發生的疏漏。

2. 遺漏：因為不容易發現才會遺漏，但大的遺漏會導致機會損失

大多數的營業員，如果請他舉出自己周遭遺漏的案例

時，總是想不出來。想不出來的情況，當然有些是真的沒有遺漏，但大部分的時候，是因為沒有發現遺漏。有時甚至要到在競爭中別人已經勝出了，才首度發現遺漏的情況。追究其原因，是由於平常的時候就沒有以「是否有遺漏」的眼光來看事物。顧問會時常很固執地檢視自己或對手「是否有遺漏、是否有遺漏」。首先最重要的是要養成這個檢查的習慣，關鍵在於有這樣的「意識」。

　　舉個關於遺漏的簡單案例。大家去國外旅遊的時候，每個人應該在出門前都會檢查有沒有忘記「護照、機票、現金」。這就是關於遺漏的檢查。但是，光是這樣的檢查仍可能有遺漏，因為有些國家在護照之外，還需要簽證。曾經聽說有人以為已經交給旅行社代辦就沒問題，所以很放心地到機場，才發現因為沒有簽證而不能上飛機的離譜狀況。這是因為檢查是否有遺漏的架構只有「護照、機票、現金」3項，遺漏了簽證所致。也就是說，在檢查是否有遺漏時，包含檢查項目的架構在內都需要檢查。連架構都沒有，只是籠統地想著「會不會有什麼遺漏」，往往就無法發現遺漏。

　　將遺漏減到最少的方法之一，就是不要只是自己想，問問別人也是很有效的方法。時常會遇到別人可以幫忙發現自己有所疏漏的情形。

　　在商業界常見的案例，就是營業員在接洽對方人員時的遺漏。例如某個企畫案在進行提案時，一直單方面認定對方公司的關鍵人物是平日時常聯絡的窗口Ａ先生，結果企畫案

實際的負責人是其他部門的B先生，因為這個遺漏的產生，結果案子被競爭對手搶走了。這種情形時常耳聞。或者是在產品的研發上，自信滿滿認為顧客需要的絕對是這個，而研發出的東西卻因為欠缺另一個重要功能，於是變成不完整的商品，完全賣不出去的案例，也時常發生。

反過來說，許多新產品或服務都是這樣，帶有顧客需求方面的遺漏卻仍生產上市。例如，現在已經成長為巨大市場的宅配服務，卻還存在許多的遺漏。當初業界認為「指定時間到貨服務」應該是非常貼心、符合客戶需求的服務，但對於1個人住‧雙薪家庭‧單身赴任的人來說，因為平日回家時間不一定，或是週六週日是個人生活的重要時間，討厭受拘束等理由，這項服務就變得沒有那麼貼心了。而且，網路購物開始普及，所以宅配服務中這個重要服務對象的遺漏浮上檯面成為重要的問題。因此，就出現了將包裹暫放在就近的便利商店或車站的服務，或設置宅配郵筒的服務。

甚至單身的女性等，很多人基於心理因素或防備因素，尤其討厭在夜間收包裹。為了像這樣，能夠有彈性地因應服務對象生活型態的改變，隨時注意自己的商品‧服務是否有所遺漏，或顧客的切入點或擴展上是否有所遺漏，這點十分重要。

3. 重疊：＋／－兩面如同鏡子‧鏡中影像一般共存

所謂重疊是因為競技台重疊才會重疊的。如果相撲選手

分別站在不同的競技台，就不會產生重疊了。正是因為在1個競技台上站了2位相撲選手，才會形成重疊，才會進行競爭。這時候，重疊中存在著各式各樣加分與減分的面向。

首先減分面可以看到由於競技台的重疊，所以會產生資源運用無效率的問題。例如，A事業部與B事業部都進行相同的商品研發，花了雙重資源所以變得沒有效率。而且從接受者的視點來看，A與B兩個事業部都以類似的商品，對消費者進行很相似卻又有些不同的商品說明，並加以推薦的話，消費者光是對應就需要2倍的時間，而且無法判斷究竟哪一個比較好而造成混亂。

然而，重疊也有加分面存在。A與B兩個事業部都研發相同商品，就表示可能會強化該領域的競爭力。或者，針對同1位顧客銷售商品時進行良性競爭的話，也會帶來強化競爭力的效果。

於是，許多情況是這些減分與加分面是同時成立的。那就是重疊問題複雜之處。也就是說，如果簡單地只將焦點放在減分面的問題進行解決的話，好不容易獲得的加分面的好處就消失了。只在意減分而忽視了加分的話，在解決減分問題的瞬間，也會失去之前所擁有的加分，並沒有解決問題（圖4-3）。

◆巨人隊強打者重疊的功過

接下來舉日本職棒的巨人隊的強打者重疊為例，說明重

圖4-3　重疊的問題

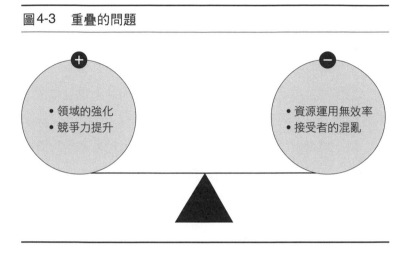

・領域的強化
・競爭力提升

・資源運用無效率
・接受者的混亂

疊的＋／－兩面。

　　首先，2000年時戰力大幅提升的巨人隊以贏得日本第一的結果收場，但2001年擁有那麼強大的戰力，卻錯失聯盟冠軍寶座。我們以清壘打者，也就是第四棒強打者人選（松井、清原、Multinez、江藤、高橋）的重疊問題來掌握看看。

　　首先看減分的問題。松井、清原、Multinez、江藤、高橋5人的年薪總共約10億日圓出頭。這對巨人隊而言，在收視率或現場觀眾動員率一片低迷之中，是非常大的成本負擔。也就是說，巨人隊在經營上具有資源運用無效率的一面。而且，對於身為接受者的球迷或觀眾而言，究竟誰才應該是第四棒？可能包括長島茂雄教練在內，都會想著「這種時候如果換上○○○取代○○○的話」等等，令人心神不寧

與混亂。

但，另一方面，有誰不能出場時，有許多人可以代替，算是一種強打者的強化，同時這五位強打者相互切磋，彼此相互競爭地位以及全壘打數量，也是一種加分。也就是說，減分與加分是共同存在的。

以下純屬虛構，假設球團經營階層為了結束這個重疊的減分面，只留5人當中的1人擔任第四棒，其他人全都拿去交換其他球團的強投。這麼一來，一口氣就解決了資源運用無效率及接受者混亂等問題，但另一方面，強打者的強化及相互競爭的意識等加分面也會一併消失了。

因此，解決減分面則加分面也會消失，正如鏡子與鏡中景象。因此，關於重疊的問題，必須先廣泛地掌握加分面‧減分面的兩方面，並綜合地進行判斷。不只如此，如果無論如何減分面影響較大的話，先思考具體的解決方案，並與現狀進行細密的比較。其結果，若解決方案較現狀為佳的話，再採用就好了。拿之前巨人隊的例子來說，如果採用留下松井1人的解決方案，任誰都會認為不比現狀好吧。

但是，當這個思維運用到商場上，由於面對問題的當事人通常是重疊中的一方，所以舉出來的大多只有減分的一面，幾乎都不提加分面，或者，由於自身的立場太強，而完全看不見加分的那一面。在這樣的情形下，讓當事人將重疊的問題舉出來，再提出解決的具體方案，與現狀進行比較，可能會發現原本就大幅遺漏了重疊的加分事實。想要客觀且

正確地掌握重疊的問題，只要進行下述步驟即可達成。

◆用於掌握重疊問題的分析步驟

步驟1：釐清＋／－事實

　　藉由重疊造成加分的事實，可舉出有①是否牽涉領域強化，②是否牽涉競爭力提升；藉由重疊造成減分的事實，可舉出有①是否產生資源運用無效率，②是否引起接受者的混亂等。脫離立場以零基準具體分析上述事實之後，綜合地判斷＋／－。

步驟2：整體而言減分事實影響較大時，要思考具體的解決方案

　　根據步驟1，綜合判斷出重疊的減分事實影響較大的話，則需要具體思考用於解決減分事實的具體對策。例如，釐清定位、消除重疊、或將整體加以整合，或利用體制加以解決。總之，為了與現狀做比較，必須具體思考用於解決減分事實的解決方案。

步驟3：將現狀與解決的具體方案相比較，做出結論

　　將根據步驟2所思考的解決的具體方案，與重疊所引發的現狀做比較，判斷何者較佳。這時候需要注意，由於減分與加分如前述一般共存，所以必須小心解決減分問題，以免連強化領域與提升良性競爭力這些加分面都一起失去了。

　　許多案例尚未進展到步驟3就已經沉船了，無法設定問題，只停留在對現狀的不滿就結案了。尤其想要客觀地比較

＋／－事實，無論自己是重疊中哪一方的當事人，都必須超越自身立場，從零基準加以思考才行。立場與視點高度的問題時常擾亂事實，所以問題才會變質。

分析的應用

MECE 是客觀地觀察或分解‧分析各種商業上的事情現象，再思考做為最重要基礎的集合的思考方式。以MECE 進行掌握會在掌握問題背景或結構時，先整體整理過一次，就這層意義來說，是非常重要的。但是，在思考過程中這個思維固然重要，但並不需要一直到最後都拘泥於MECE 。

例如，策略上經常用的手段是故意讓領域重疊，藉以謀求整體的事業強化。將加分面最大化，而暫時無視於減分面的存在。商品的品牌策略、或徹底涵蓋特定地區的營業‧通路的區域範圍策略等，都屬於這類的典型案例。

又，MECE 也是製作各式各樣架構時的基礎。希望更詳細了解應用案例的讀者，請參閱拙著《問題解決的專家》的技術篇「MECE」。

練習 | MECE

1. 從身邊日常的事情分別想出3件MECE的具體事例（圖4-4）。

2. 想出商業上與下述3個模式相關的有問題的事例。

    (1)掌握整體集合的架構的處理方式太狹隘或有錯，所以產生問題。

    (2)未發現有遺漏而損失重大機會。

    (3)因重疊而產生問題

    進行重疊＋／－的因素分析，綜合地判斷結果為減分的話，沿著用於掌握重疊問題的分析步驟思考解決方案，並與現狀比較。

圖4-4

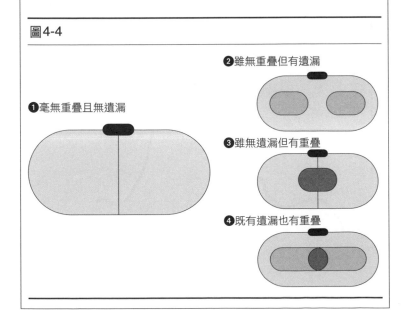

❶毫無重疊且無遺漏

❷雖無重疊但有遺漏

❸雖無遺漏但有重疊

❹既有遺漏也有重疊

4.2 趨勢分析

從時間軸的擴展，掌握結構變化的原因

所知內容

趨勢分析是從過去的長期趨勢中，從圖表的傾斜度及明顯的轉折點來掌握結構變化，是分析的基本型（**圖4-5**）。不

圖4-5　趨勢分析

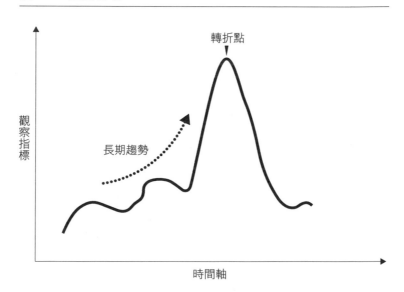

是單純將數字圖表化就好，而是要追究為什麼會產生那樣的變化，深入洞察背後的理由，以便找出用於發現‧解決問題的假說。藉此可以抵定掌握問題時架構的擴展。

分析的類型

1. 圖表的模式

在趨勢分析中，曲線圖算是很普遍的，其大致可分為4種模式（圖4-6）。

最標準的是用實績數字表示，但是對企業而言整體的營業額才是重點的話，將實績數字疊合的疊合圖表會比較恰當。另外，如果想與競爭對手比較以顯示相對實力的市佔率的話，以百分比顯示的圖表會比實績數字來得容易理解。如果想看各商品群的價格隨著物價變動是如何變化的話，就把某年設為基準100進行指數化，就可以評估價格管理能力了。

現代是使用表格計算軟體馬上就可以圖表化的時代，但希望各位注意，先弄清楚想要分析的是什麼，從圖表想要表達的是什麼之後，再來製作圖表。

而且，X軸‧Y軸是分析的根基，仔細思考X軸‧Y軸會帶來什麼樣的意涵，再加以圖表化。時常可見有些圖表，雖然進行圖表化，卻完全難以理解究竟想分析什麼，或者想引申出什麼意涵，請千萬要小心。

圖4-6　趨勢分析

圖表的類型因應各種狀況的使用

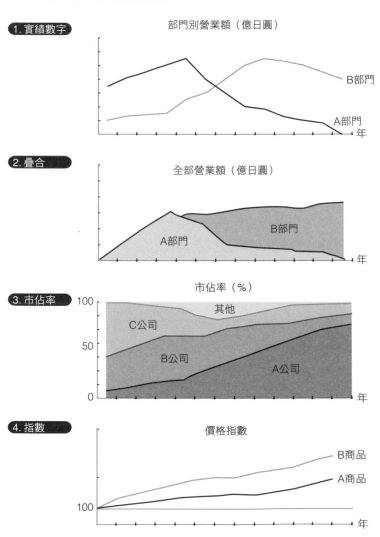

1. 實績數字

部門別營業額（億日圓）

B部門

A部門

年

2. 疊合

全部營業額（億日圓）

A部門

B部門

年

3. 市佔率

市佔率（％）

100

其他

C公司

50

B公司

A公司

0

年

4. 指數

價格指數

B商品

A商品

100

年

2. 分析的重點

1 觀察圖表的傾斜度（成長率）

最基本的，先要觀察圖表的走向與傾斜度（成長率，走向向下就是下跌率）。此時很重要的是，一定要將成長率化為數字。其原因在於，光是圖表刻度單位的不同就足以改變傾斜度了。即使傾斜度看似平穩，Y軸的刻度單位很大的話，其實變化是很大的；而即使傾斜度很大，但刻度單位小的話，實際上變化並不大。一定要算出成長率的數字，以免製作的當事人和看圖表的人產生錯覺。

圖4-7顯示日本家庭用縫紉機的國內市場規模變化。首先來思考一下這個圖的意涵。

在此，不能光是說「縫紉機市場每年以3%的比率在縮小」。因為光是這樣的話，沒有So what？（結果會如何？）並不構成分析。需要思考的是「為什麼會縮小3%？」。任誰都會想到「是否縫紉機的使用者減少了」的假說。再深入追究，是否以往大量購買區域的新機購買者減少了？→以前是必備「嫁妝」之一，會不會現在已經不一定用縫紉機當嫁妝了？→女性上班的人數增加，會不會家庭慣用縫紉機的時代已經過去了？等等，逐步讓思緒發展下去。

但是，只是這樣嗎？當小孩到了上幼稚園的年紀，為了縫製小孩在幼稚園裏使用的圍兜或放置私人用品的袋子而開始使用縫紉機的人，還是大有人在啊，不是嗎？那麼，市場的縮小可能只是單純因為買新機的時間點延後了，或者說不

圖4-7　家庭用縫紉機的市場規模變化　　　（1986~92；萬台）

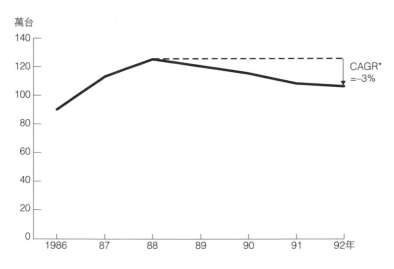

* Compound Annual Growth Rate（年複合成長率）
出處：縫紉機工業會

定是認為反正只用幾年，用媽媽或姊妹的縫紉機這種「節制購買」派的人增多了。

　　從這個圖中無法知道更多，但根據假說如果解讀出「必須讓購買新機者增加」的意涵，那麼關於使用對象的基本資料或購買特性等，就必須更深入進行研究。

2　觀察轉折點

　　如果圖表中可以看到明顯的轉折點，請養成習慣思考「為什麼會產生轉折？」。**圖4-8** 是顯示泡沫經濟時期的土地‧股票‧日圓幣值的變化的指數曲線圖。可以清楚看出包

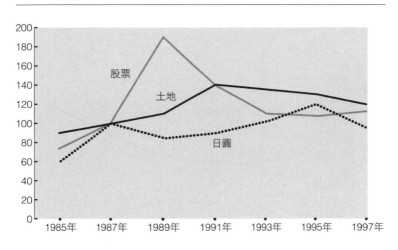

圖4-8　土地、股票及日圓幣值的變化　　　　（指數；1987=100）

出處：證券統計年報：土地白皮書

含許多不具生產力的閒置地或股票等利益，有高額權益融資（equity finance）的可能性，這是被當下的營業額、利益擴大而蒙蔽的日本「失落的十年」的情況。

　　在此分出高下的案例就是大榮與伊藤榮堂。大榮一直主張「經營是男人的浪漫」（前會長中內功）而致力於投資不動產，且追逐規模遊戲；與從早期就藉由ROE經營揭示以股東價值最大化為目標的伊藤榮堂的表現，成為鮮明的對比（圖4-9）。

　　像這樣，轉折點往往暗示著結構變化，所以不可以漏看。話雖如此，但當中也有因為改變資料統計方法或其他因素而混入了異常數據的情況，所以必須謹慎讀取。

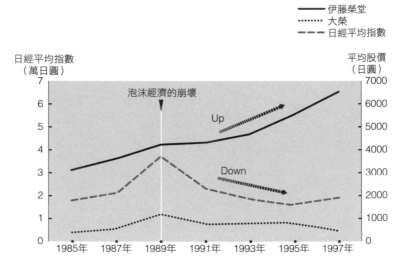

圖4-9　大榮vs.伊藤榮堂的平均股價走勢　　　　　　（1985-97）

出處：公司四季報；Analyst Guide ；證券統計年報

3　觀察面積

　　除了傾斜度之外，還可以配合面積的變化以讀取出與比較對象的差異。例如，以生命週期極短的電子3C產品為例，如果在早期進行集中投資，可有效先獲取利益。**圖4-10**中以面積表示加入市場的各公司在生命週期期間所獲得的利益。

　　A公司已看出該市場極短的生命週期與價格將急速下滑，因而先行投資，享受到利益。從獲利的面積大於虧損的

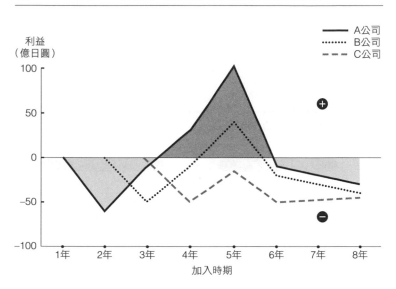

圖4-10　電子3C產品市場的加入時期與利益的關係

資料來源：Business Collaboration 公司分析

總面積就可以了解。另一方面，C公司的研發與市場導入晚了2年之多，從圖表可清楚看出C公司越賣越賺不到錢，只有虧損的面積不斷擴大的情形。

分析的應用

隨著業界或產品的不同，成長‧發展的類型也有其不同的特徵。不是只有擷取數字將之圖表化就好，而是要將業界

或事業的結構深入分析之後,對於自己負責的事業應該具備什麼樣的發展類型,先在腦中畫好藍圖也是非常重要的(圖4-11)。而且,擁有上述「應有的景象」的藍圖,並將實績圖表化之後,也可能會有新的問題發現。

圖4-11　事業發展類型的比較

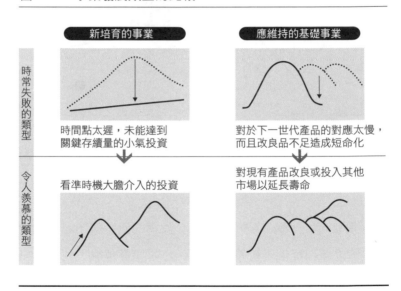

練習│趨勢分析

下表是工業用粘著劑的3家製造商的價格與營業額變化的數據。

1. 將下表以令人容易了解的圖表表達。
2. 從該圖表可引申得知的意涵為何，請思考假說。
3. 顯示其意涵之後，如果你一開始所畫的圖表設計有不當之處請修正，以最適當的圖表來支持你的假說。

		1992年	93	94	95	96	97
營業額	A	—	100	105	110	130	145
	B	—	100	120	135	155	185
	C	—	100	115	120	120	110
價格	A	550	530	500	500	485	485
	B	550	530	495	460	460	460
	C	495	440	435	430	400	380

注：營業額是以各公司1993年的營業額為100所計算的指數。價格是每平方公尺的使用者價格。

4.3 ＋／－差異分析

找出產生落差的＋／－變化與產生落差的因素

所知內容

將自家公司現在與過去的表現做比較，或與競爭對手做比較時，只單純比較營業額或生產力等現象面的數字，不能明確了解問題所在。因此必須更進一步，將這些數字進行因素分析，找出是哪些因素引發那些差異（落差）。這時最有效的就是進行＋／－差異分析。落差中存在有加分事實與減分事實，所以一開始需要以MECE進行因素分析，推測形成落差擴展的因素。

分析的類型

＋／－差異分析可分為2種類型（圖4-12）

❶ 分析造成2個時點之間落差的＋／－變化因素

❷ 分析與其他公司或與業界平均產生落差的＋／－變化因素

圖4-12　＋/－差異分析

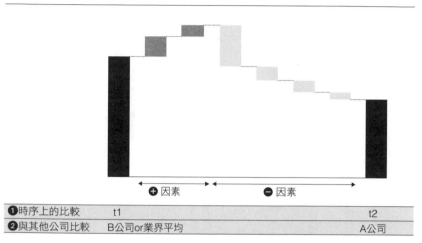

❶時序上的比較	t1	t2
❷與其他公司比較	B公司or業界平均	A公司

1. 分析造成2個時點之間落差的＋/－變化因素

　　這個方法是用於確切了解所觀察的指標在1年、5年之間產生變化時，是基於什麼因素產生變化的。圖4-13是顯示某機器製造商在1年內現金流的增減。以損益表來看，最近幾年的營業利益應該相當高，但手頭卻沒有現金。但若光是說現金流狀況惡化，仍無法掌握實際狀況。因此，為了追究原因，把要進行比較的指標分別放在圖的兩端，以MECE逐一分析造成變化的因素。

　　在這個案例中可以得知，現金流減少的原因不在於應收帳款或庫存這些營運資金的增加，而是由於「固定資產投資」所造成的。也就是說，如果想要確保手邊的現金量又不想因

圖4-13 機器製造商Ａ公司的現金流變化 （億日圓）

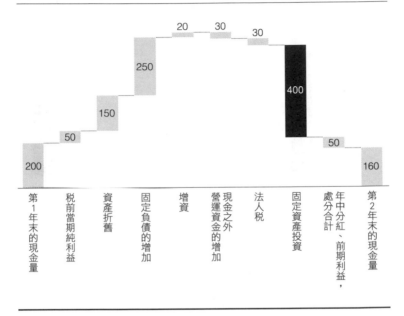

此而增加借款的話，必須將固定資產的投資額控制在適當的
程度。

2. 分析與其他公司或與業界平均產生落差的＋/－變化因素

　　自家公司與競爭對手、業界頂尖企業或業界平均表現之
間的落差的比較，就是進行標竿分析（benchmarking）。圖
4-14顯示某機器製造商Ａ公司與競爭對手Ｂ公司的利益率的
差異，以各個成本因素進行＋/－分析。從圖中可以發現，
直接人工費用與促銷費用與對手相差甚多。

　　重要的是，要從這裏思考出「為什麼會這樣？」的假

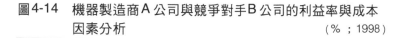

圖4-14 機器製造商Ａ公司與競爭對手Ｂ公司的利益率與成本
因素分析 (％；1998)

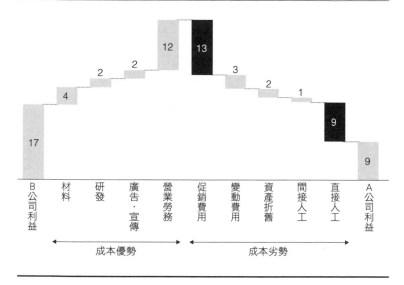

說。直接人工費用高的原因是內製比率較高，或者可能是生
產效率上的問題。另外，促銷費用恐怕與代理商的表現具有
連動關係，想必也是檢討重點之一。不過營業勞務比率相對
較高的Ｂ公司也可能是擁有多支直銷團隊，所以應該先掌握
商品特性及顧客基本資料之後，再加以慎重檢討。再追加一
點說明，兩家公司激烈的競爭再繼續下去的話，在利益率差
異這麼大的情況下，可以預想到Ｂ公司今後可能會推出大膽
的降價攻勢，Ａ公司可能需要深入思考價格策略。

而且，與其他公司或業界平均值比較時，先要確認數據
資料本身是否是以相同的基準或前提條件計算出來的，也就

是分析的大前提必須先確認是否是同年度依相同計算基準所
得到的資料，是否經得起這樣的比較。

分析的應用

接下來介紹因素分析中有用的其他切入點。

1. 營運流程

針對營運流程進行分析，對於了解哪個部分花了多少時
間與成本十分有效。一般來說，X軸是以商業系統整理的營
運流程，將從頭到尾的處理流程記錄下來，儘管多少有些推
測成分，但請試著和最佳實務範例進行比較。**圖4-15**是製
藥企業E公司進行副作用處理速度上與最佳實務範例比較的
結果。橫軸是從發現副作用到向醫療機關‧主管機關報告的
處理流程，令人吃驚的是，光是在相關事實的調查上，就有
1個月以上的落後。就像是雪印乳品或普利司通
（BRIDGESTONE）的案例，在營運上需要風險管理的產
品‧服務等，想要追究問題點，這都是非常有效的方法。

2. 工作內容分析

也可以用於觀察營業員或行銷員在哪個活動中花費多少
時間。**圖4-16**就顯示出優秀的產品經理人是如何對於既有
產品的改良、新產品的研發等工作，直接與顧客接觸，努力
追求顧客需求的情況。

圖4-15　與最佳實務範例相比，副作用處理的速度 （日數）

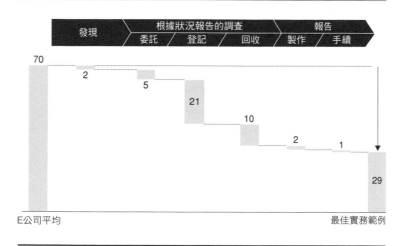

圖4-16　產品經理人的工作分配比較 （%）

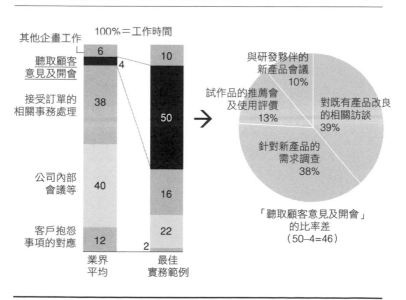

　　以上「分析的類型」所介紹的＋／－差異分析的案例，
類型1中的自家公司比較是過去→現在，類型2與其他公司
的比較是以同一段期間為基準進行分析。而且，＋／－差異
分析還可以運用於以現在為起點，在設定前提之下預測將來
變化的「影響模擬」（impact simulation）。

練習｜＋/－差異分析

　　以下是從1975年起的十幾年之間，日本以用途別顯示能源收支的資料。根據這些資料，針對長年變化因素進行＋/－差異分析，並回答以下問題。

1. 請舉出2項影響力最大的變化因素，並分別推測其原因而設立2個假說。
2. 為了驗證你的假說，回答接下來應該進行的分析內容及其驗證方法。
3. 請思考用於改善能源使用效率的實際方案的假說，並簡潔地說明。

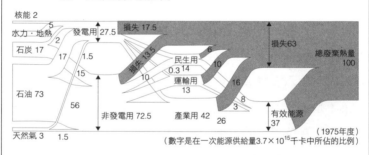

（數字是在一次能源供給量3.7×10^{15}千卡中所佔的比例）

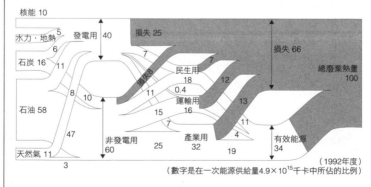

（數字是在一次能源供給量4.9×10^{15}千卡中所佔的比例）

出處：平井賢《省能源論》歐姆社（1994年）

4.4 集中・分散分析
從偏差與差異來檢視管理者的控制力

所知內容

在本書第 1、2 部曾說明，所謂問題發現就是發現「應有的景象」與「現狀」之間的「落差」。所謂「落差」，就是指目標與現狀之間的「差異」。假設現在要針對某公司的每項產品或每位員工，要分析其品質或表現上是否存在落差。如果沒有落差，應該就會得到符合目標的具規律性的結果。如果不是這樣，就是出現與目標有所偏差的「集中＝偏差」或「分散＝差異」的結果（**圖4-17**）。

其實所謂以「組織」為單位進行活動的企業經營，原本就是以整體朝著一個方向行動是最理想的。因此，願景或策略原本就是要將具體的方案以及其中緣由都傳達給全體職員，讓全員共有資訊，並共同理解。

但是，不可能凡事都按照理想運作，這才叫現實。重要的資訊沒有完整傳達，階層間上演傳話遊戲，或加入管理階層的「想法」而扭曲內容，或者因為最前線的營業員個人的判斷而延後執行等等，總是會發生各種情況。於是在方案的

圖4-17 偏差與差異

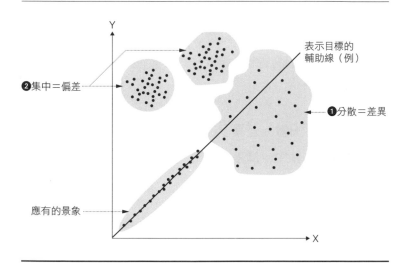

理解上或執行的程度上產生了偏差或差異，整個方向大亂，結果導致無法達成預期的成果。

像這樣，將一種規律性或標準化的想法帶入經營的狀況中，是所謂「經營管理」的基本技巧。今後若對於重要的關鍵技術，技術人員的認識上有大量偏差或差異的情況，或是完成的產品品質有偏差，或者營業員的業績有差異的話，就要懷疑該公司的技術能力或管理能力。而且，那將會直接反映在生產力或利益率這些結果指標上。

分析的類型

　　集中‧分散分析是針對想加以管理的事情取相關項目為
X軸與Y軸，以製作散布圖的方式來進行。分析的類型包含
以下2種。

❶ 掌握「分散＝差異」

❷ 找出「集中＝偏差」

1. 掌握「分散＝差異」

　　從以下的例子，可以看到員工如果各自分散地進行工作
將會如何。這是一間租賃公司D公司的案例。租賃是著眼於
商品「利用價值」的金融服務，從電腦到汽車等，目標物品
有各式各樣。租賃本身是很單純的商品，使用的企業幾乎都
會找很多家租賃公司做比較，所以最後就淪入激烈的價格
戰。**圖4-18**是各種案件其物品價格及租賃費率的折扣，可
看出非常參差不齊，差異很大。

　　D公司未了解到定價對收益的影響之大（這一點請參照
第6章的感度分析），所以將談判時的折扣判斷基準完全委
由現場營業員自行裁量。但是，由於沒有明確的判斷基準，
營業員不管是否有競爭對手在的情況，結果都是以顧客「開
的價」簽契約。

　　像這樣沒有明確指導方針的情況下，交給負責人員判斷
的結果，必定會出現差異。尤其糟糕的是，接待顧客的第一

圖4-18　價位別的折扣率

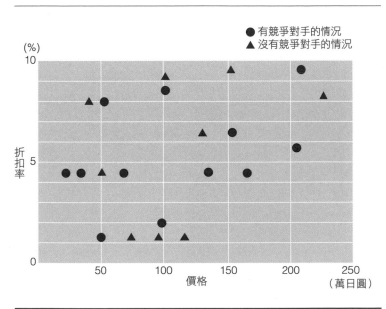

線對應上出現明顯差異，會成為問題。

2. 找出「集中＝偏差」

　　即使沒有出現差異，該組織也未必就很順利。可能有規則或策略設計不恰當的地方，無法即時修正，一旦延遲，結果就產生偏差而偏離了原本所企圖達成的目標。分析偏差情況時，於散布圖中畫上代表目標的輔助線，將更容易理解。

　　在圖4-18中說明了沒有折扣基準的租賃公司產生差異的案例，**圖4-19**是雖然有折扣基準，卻仍產生偏差狀況的工業用零件製造商G公司失敗的案例。G公司委託多家代理商

圖4-19 代理商的營業額與折扣率

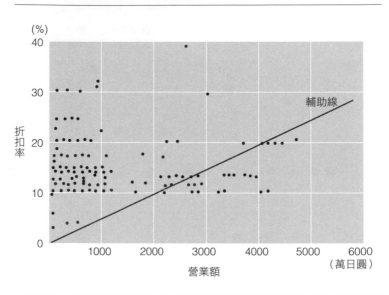

的方式是將產品銷售額與折扣率進行連動的策略。因此,代理商的銷售額減少的話,折扣率也降低,就代理商而言就是實質上漲價的意思。但是,導入該策略幾年之後,結果如圖所示。由於與代理商長年合作關係的束縛,即使營業額降低也很難降折扣,形成既得權利的結果。這麼一來,該策略對於銷售額低的代理商而言,完全沒有約束力。

◆目的是「水準的標準化」

　　請注意分析的結果,如果只因為X軸與Y軸有相互關係,所以就想直接將之標準化,不見得會順利。將營業員的

拜訪次數與營業額的關係加以圖表化就是**圖4-20**，從該圖可以讀取出2件事。第1是該商品的營業額具有與拜訪次數相關的傾向。第2是每個人的拜訪次數有差異而不統一。

　　假設你身為營業部門的經理，看到這樣的結果你會有何反應？時常可以聽到的答案是「拜訪次數有差異正是問題所在。只要拜訪就會讓營業額成長，所以拜訪次數至少應該達到某個目標值」，並開始將次數設定在臨界值邊緣，進行拜訪次數的管理。然後，接下來我們看看**圖4-21**所示拜訪次數管理施行後的結果。的確，在經理的號令下，拜訪次數是提升了，但營業額仍然呈現差異，與所預期的不同，整體的

圖4-20　營業員的拜訪次數與營業額

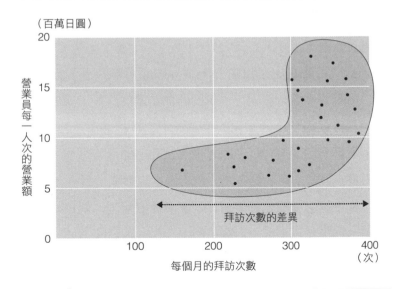

圖4-21　營業員加強拜訪管理後的結果

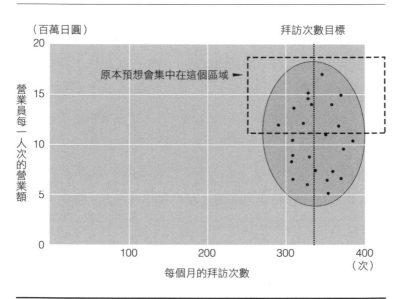

表現完全沒有提升。

　　到底是哪裏出了錯呢？所謂拜訪並不是只要人過去就好。而是要聽取顧客需求，說明商品並進行交涉，這中間技巧的優劣就產生出營業額的差異。不去管拜訪的「方法」，只管理拜訪的次數所以業績才無法提升。隨著客戶層不同，有的重視拜訪，有的則不然，這方面也會形成差異。

　　如上述，管理要確實執行，應該要去管理「質的水準標準化」而不是以形式上「數字的統一化」為目的。

分析的應用

1. 標竿分析

　　集中・分散分析也可以應用在分析自家公司在業界中的所處地位。**圖4-22** 是顯示製藥公司營業員MR（Medical Representative）生產力的比較結果。X軸是營業額，Y軸是MR每1人次的營業額，依公司別分別計算。即使營業額相同，不同的公司，MR每1人次的生產力就有很大的差異。當然，各公司處理的藥劑種類不同，所以不能單純就此斷定

圖4-22　製藥企業中MR的生產力

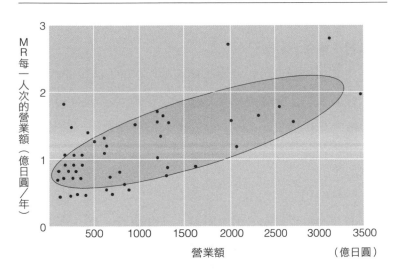

出處：「IMS Health」

其好壞，但因為前往醫院拜訪的管制變得嚴格，要與醫師見面越來越困難的情況下，擁有眾多的MR對公司而言是一項龐大的固定「成本」。因此，生產力太低的公司需要徹底追查其原因。

2. 區塊

進行集中‧分散分析時，有時會發現差異當中有一些集中的狀況。這些集中若是表現出某些固有特徵甚至屬性的話，可以說是「區塊」(統計學中稱為集群〔cluster〕)。不要武斷地認為有差異→沒有管理能力，而要仔細思考差異當中是否有具特徵性的集中，特定出那些集中的基本資料，並研究對自家公司而言的意涵，是非常重要的。

練習 | 集中‧分散分析

某家經營甜甜圈專賣連鎖店的P公司，針對20間分店所販賣的甜甜圈進行單個重量的監測，發現有80g到170g不等的差異出現。P公司的製作手冊中規定的標準重量是120g。請根據下述的參考資訊回答各個問題。

【參考資訊】

• 該公司將甜甜圈所需的原料，包含麵粉、蛋、砂糖、牛奶、油等，大批量販給連鎖店，由各家分店遵循手冊進行製作與販賣。

- 甜甜圈的製作是由各分店僱用的工讀生負責。而且現場管理者每天2次抽檢半成品或最終產品,檢查其顏色、重量、形狀。

- 現場打聽的結果,聽到以標準重量製作,甜甜圈的膨脹度會不夠,或炸不酥等意見。

- 向各家分店管理者詢問的結果,可以確認原料是按照手冊所指定的方式進行調配。另一方面,產品作廢率每年都會升高一些,多的時候甚至到達20%。

- 工讀生與管理者雙方都抱怨廚房狹小、通風不佳、機器的維修不足等作業環境上的缺點。

【問題】

1. 請想出至少10個產生差異的原因,並列舉出來。

2. 你所舉出的原因當中,針對其中3個你認為最屬於本質性的問題,提出解決方案的假說。

4.5 附加價值分析（成本分析）

從顧客的視點來看，成本是否適當

所知內容

所謂附加價值是指藉由經濟活動所產生的價值，是「包括企業利益（利潤）在內的總成本」。

附加價值分析就是將企業的經濟活動，也就是將生產產品‧服務的流程中所發生的成本，依各個流程逐一分開之後再累積起來，藉此可以用於掌握成本花在哪裏而產生出價值的具體內容。順帶一提，經濟活動的總體指標GDP（國內生產毛額）就是一國之內的經濟活動所產生出的附加價值的總和。

企業提供產品‧服務而顧客接受，讓顧客感到滿意的程度就成為「對顧客的吸引力」。吸引力取決於顧客認知的價值（Value）與顧客所負擔的價格（成本）之差（圖4-23）。如果產品‧服務的價值固定的話，則價格越便宜，對顧客而言不但滿意度高，也具有競爭力。相反地，若價格固定，對顧客而言價值較高的，就會提升滿意度與競爭力。

圖4-23 對顧客而言的價值（Value）與價格（成本）的關係

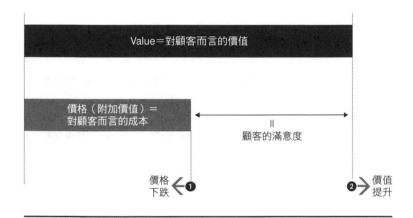

對企業而言的「附加價值」等於顧客所支付的成本，也就是「價格」。但是，無法保證因為是成本高的產品，顧客就會很踴躍地購買。時常會聽到「某企業的商品附加價值高」或「具有吸引力」的說法，但是那並不代表花費較多的成本或時間，而是從顧客的視點承認了它的「價值」，而且也與競爭對手有所區隔。

像這樣的附加價值分析，並不單只是用於管理成本的工具。而是對顧客而言從價值的視點刪減浪費的成本，或是相反地為了提高吸引力而增加成本之類的，用於判斷是否進行策略性投資的材料。

分析的類型

以MECE掌握時間軸上研發出產品・服務之後,到上市之間的附加價值的流程,在麥肯錫公司稱之為「商業系統」(business system)。附加價值分析首先從描述分析對象的產品・服務中所具備固有的商業系統開始。其次,累計各個商業系統階段的成本。最後加上自家公司的利益(**圖4-24**)。此時,只要附加價值的總和等於「對顧客而言的成本=價格」即可。

分析的重點在於,觀察商業系統中的哪個部分最花成本,該部分是否有產生出對顧客而言的價值,而觀察自家公

圖4-24 商業系統與附加價值

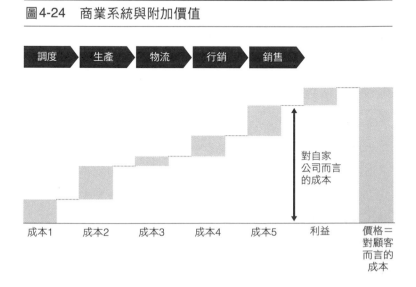

司將附加價值高的部分視為經濟活動加以重視的程度，是分析的第一步。也可以推斷競爭對手的成本，試著將之與自家公司的成本結構進行比較。

附加價值分析的關鍵在於從中可以引申出什麼樣的意涵。如上所述，附加價值的設定方式，取決於與由顧客認定的Value的關係。以下舉一些實例說明。

1. 藉由降低成本提高吸引力的案例（成本競爭）

所謂成本，如果投注於從顧客看來根本不重要，或是在競爭上不屬於自家公司擅長的領域的話，就沒有意義了。例如，品質完全相同的東西，在下包工廠或是國外可以用更便宜的價格生產，但卻偏偏要在自家工廠製造，或是由於製造者任性的想法或偏好，而放入許多消費者不需要且繁雜的附加功能等。如果能減少這些從顧客的視點來看屬於「浪費」的成本，將那些成本用於提升Value而重新分配，加以活用的話會更好。

例如麥當勞以前賣230日圓的「漢堡」在1998年降價為130日圓，而在2001年的現在是65日圓。對該公司而言，65日圓的價格是就顧客而言，對「漢堡」的滿足感可達最大化，從價值（Value）面來看接近臨界點的設定。那是由於透過調查得知以全球來看，日本麥當勞的價格設定較高，且消費者希望價格設定在65日圓左右。因此，該公司在品質維持不變的前提下，想出藉由預訂匯率的方式壓低原料進貨

成本的辦法。結果，原本就高的Value加上藉由降價提升的價格競爭力，實現了壓倒性的「對顧客的吸引力」，確保其在競爭中勝出的優勢地位。

2. 應投入更多資源（提升成本）提高價值（Value）的情況（創造價值）

若只從成本面來看，外包是一種很有效的方法，但若從價值（Value）的觀點來看，就不見得一定是最好的。也就是說，要確實獲得品質一定的東西，外包＝完全丟給別人做是不行的，因為對承包商的管理是絕對不可缺少的。因為將對顧客而言具重要價值的部分在「合理化」的名義下輕易地委託給外包，結果品質暴跌，喪失核心能力，頓時流失吸引力的企業幾乎多得數不清。

Uniqlo就是看透了像這樣因為外包而造成品質低落或參差不齊的風險，因此從顧客的視點出發，大膽地不僅僅從事流通業，而是讓自身也擁有附加價值，以生產零售商之姿而大幅成長。Uniqlo於1984年開第1間店，從當時就採取2900日圓、1900日圓這種低價位路線。當初是去找工廠或大盤商剩下太多賣不出去的出清品，加以大量收購的方式。但是，這樣無法控制價格及品質。從大型超市的案例可以知道，用完全丟給別人做的方式委託外包，難免品質會出問題。

因此，經過幾番曲折之後，Uniqlo決定從商品研發到生

產‧銷售全部由自家公司一手包辦,嚴格控管。也就是對顧客而言的成本不變,而追求將Value提升到極致。結果,Uniqlo從使用的纖維、染料開始,到生產製程、產品規格、合約工廠的規格等,都嚴格指定,在生產現場也徹底執行對每個流程的產品檢驗、成本管理等。雖然下多少工夫就相對地要花費多少成本,但努力提升顧客Value,獲得顧客支持而大量採購的話,結果因為規模效應發酵,單位成本也下降了。

另外,就是去觀察商業系統,看看自家公司的上游或下游有沒有可以取得附加價值的部分。如果可以搞定顧客認為價值高的部分,吸引力將向上飛躍,可能也有機會與大型企業合作。接下來介紹這種事業的2個案例。

圖4-25是美國某居家購物事業的附加價值結構圖。這個事業的商業系統由6個部分組成,由於市場尚未確立,而且向來在不同的階段分別有不同的企業會加入。像這樣類似消防隊接力遞水桶救火的方式不僅效率差,消費者的滿意度也低。於是,播送節目內容的有線電視公司介入了購物部分貨款回收及售後服務等部分。藉此,有線電視公司取得了以往3倍的附加價值。

在汽車業界也有相同的狀況。雖說汽車業不景氣,但仍擁有約60兆日圓的市場。其中豐田、日產等汽車廠商的附加價值只不過在於成品組裝及引擎等主要零件的近20兆日圓而已。從消費者看來,汽車的價值不僅在於提供汽車本

圖4-25　居家購物事業的附加價值結構

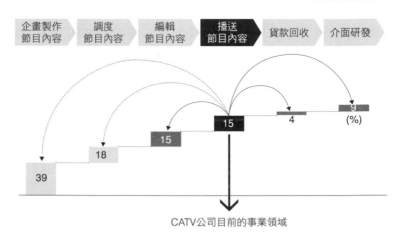

■■■ 新增的附加價值

資料來源：Business Collaboration 公司分析

身，舉凡保險、貸款、維修，甚至停車場或汽車用品等相關
的全部服務的供應也都包含在內。所以，不得不爭取這部分
的附加價值（**圖4-26**）。豐田或福特逐漸開拓汽車周邊服務
事業，也是基於這樣的背景。

分析的應用

　　本節一開始曾說明國家層級的附加價值總和是GDP。
雖然因此政府與企業都很重視GDP的成長率，但這個指標
是否真的等於國民眼中的價值（Value）呢？假設國民所追

圖4-26 汽車周邊整體附加價值的結構 (%；消費者每1人次*)

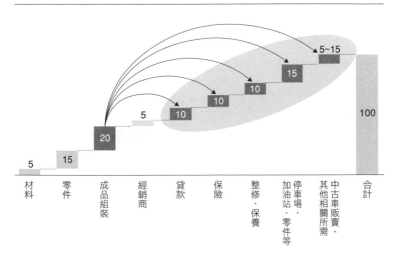

* 約以500萬日圓試算
資料來源：有價證券報告書、訪談、Business Collaboration 公司分析

求的價值定義為「生活水準高＝富裕」或「幸福」。但是，現實中為了對應理想社會而排除一些社會負面現象（如犯罪或疾病等），付出了相當大的成本。那些是無法直接達成「富裕」或「幸福」，反而會降低價值的成本。

　　國民醫療費用就是一個很好的例子。這是來自用於對付疾病這種負面現象的經濟活動的附加價值，所以實際上不能算是價值。眾所周知，隨著高齡化及過度醫療，形成醫療費用急速增加（**圖4-27**），從健康國民或納稅人的立場來看，這些都屬於「浪費」的成本。相同地，目的不明的國防費用、隨著犯罪增加而升高的警察‧檢察機關的費用、社會保

圖4-27　國民醫療費用的現狀

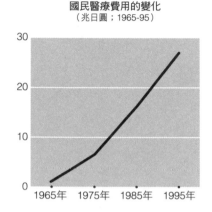

國民醫療費用的變化
（兆日圓；1965-95）

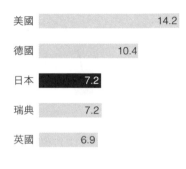

各國醫療費用佔GDP的比例
（1995；%）

美國	14.2
德國	10.4
日本	7.2
瑞典	7.2
英國	6.9

出處：OECD ；厚生省（現在厚生勞動省）

險費用、交通事故或災區復原的費用、伴隨環境污染而產生
的淨化費用等，對國民而言，可以說全都是「成本」。

相對於持續向上的經濟成長，其反面似乎是周遭生活逐
漸的惡化，美國經濟學者赫曼‧戴利（Herman E. Daly）與
約翰‧科柏（John Cobb Jr.）就抱持著這樣的疑問，並且以
定量方式證明了國民的成本（他們使用的指標是GNP〔國民
生產毛額〕）與「富裕」或「幸福」相連結的實際價值並不
一致（圖4-28）。從圖中可知，自1950年至90年間的GNP
以年率2%成長，但價值的成長率僅0.7%。尤其進入80年代
後，價值就呈現負成長。也就是說，70年代之後，美國的
經濟成長在價值‧基礎部分就已經到達極限。

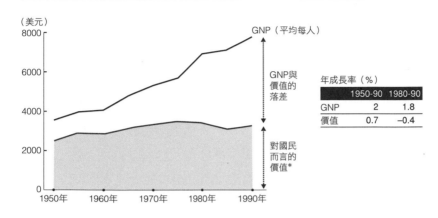

圖4-28　美國平均每人GNP及國民價值的變化　（美元；1950~1990）

年成長率（%）

	1950-90	1980-90
GNP	2	1.8
價值	0.7	−0.4

* 1990 年時的價值佔GNP 約40%

出處：Herman Daly & John Cobb Jr.: *For the Common Good* (1994)

　　那麼，日本的情況又如何呢？很可惜手邊沒有日本的資料，但一般認為與美國相當類似。如果要思考今後日本這個國家的策略，請不要只在乎GDP＝成本的成長，而應該加入從國民（納稅人）所見的「價值」為基準，並應明瞭「應有的景象」。

練習｜附加價值分析

　　建築材料製造商R公司，是製造並銷售大樓外牆表面加工材料的頂尖企業，與一般營建承包商或建商之間擁有非常深厚的關係。該公司幾年前開始供應大樓外牆鑲板（panel）製造商M公司鑲板加工用材料，但由於

預期今後市場及競爭環境將有變化,所以必須將本體事業的策略予以明確化。請閱讀以下參考資料後回答問題。

【參考資料】

• 表面加工鑲板的製程是製造加工材料→製造鑲板→將加工材料組裝至鑲板。在建築大樓現場的施工是由一般營建承包商委託工程單位進行施工。

• R公司的營業員通常將加工材料賣給一般營建承包商及建商。每次只要M公司下訂單,R公司的營業員就負責送出材料,並未前往M公司拜訪。

• 將R公司製造的加工材料組裝到M公司鑲板的作業,現在是由M公司自家工廠進行施工。但是,由於R公司也擁有這項加工技術,所以如果由R公司施工將可能比M公司以更低廉的成本完成加工。然而,R公司不具有鑲板製造技術。

• 最近由於表面加工鑲板具美觀、施工方便性、成本較低等各項優點,所以在一般營建承包商之間評價很高,受到採用的情形有增多的趨勢。面對這樣的情況,除了M公司之外,外牆材料製造商共有6家公司都預計新加入這個表面加工鑲板市場。這麼一來,以現在的角力關係來看,預計該市場上M公司的市佔率將從100%降為35%左右。

- R公司雖然因應M公司的需求，從之前就開始供應加工材料，但與M公司之間沒有其他的交易關係或持股關係。
- 推測業界今後表面加工鑲板的採用，很可能在方向上改為由一般營建承包商與鑲板廠商協議再決定。

【問題】

1. 請根據以下數據製作表面加工鑲板的附加價值結構圖。

費用明細	M公司利益	R公司利益	施工費用	鑲板原料費用	加工材料原料費用
附加價值（日圓）	3500	460	10640	1300	860
費用明細	R公司銷售管理費	鑲板製造成本	加工材料製造成本	M公司其他費用	加工材料組裝費用
附加價值（日圓）	1250	2800	2450	6500	9000

2. 參考上述問題，請從以下選項當中，選出你認為R公司關於表面加工鑲板事業最適當的策略選項，並說明其理由。

- 選項1：收購M公司，自行加入表面加工鑲板市場。
- 選項2：將加工材料組裝製程也納入業務範圍，且不只與M公司，也與其他鑲板廠商廣泛交易。
- 選項3：維持現狀，將加工材料只供應給M公司。

4.6 CS／CE分析
（顧客滿意度／顧客期望值）

提高對顧客而言現在以及將來的價值

所知內容

對顧客而言，產品‧服務的價格就是「成本」。如果有完全相同價格的 2 個產品時，顧客要選哪一個，取決於顧客對於該產品所認知的價值（Value）的「差距」。也就是說，以考慮哪一個商品更能滿足自己所追求的利用價值，而且這個利用價值超出標價（成本）多少（圖4-29）。

CS（Customer Satisfaction，顧客滿意）是表示顧客在使用過產品‧服務之後實際感受到的滿意度。而 CE（Customer Expectation，顧客期望）是表示顧客實際購買或使用產品‧服務之前所抱持的期望值。所謂「買這個真是賺到了」或「有超值的感覺」可以說就是指 CS／CE 相對於自己已經支付或將要支付的成本＝價格是否相當，或者超出時的感覺。

舉福袋為例，就很容易明瞭。假設你經過某家店時，那裏正在賣 1 萬日圓的福袋。在店頭叫賣的店員扯著沙啞的喉

圖4-29 對顧客而言的CE與CS

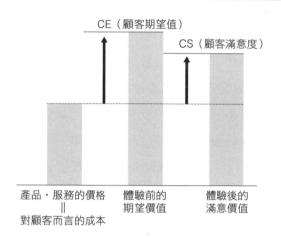

CE（顧客期望值）

CS（顧客滿意度）

產品·服務的價格　　　體驗前的　　　　體驗後的
　　　‖　　　　　　　期望價值　　　　滿意價值
對顧客而言的成本

CE ：<u>C</u>ustomer <u>E</u>xpectation
CS ：<u>C</u>ustomer <u>S</u>atisfaction

囃說道「這裏面裝有相當於4萬日圓的商品喔」。價格1萬日圓的福袋，該福袋的期望值卻有4萬日圓。於是你花了1萬日圓買下福袋，趕緊打開一看，內容物居然是1萬2000日圓左右的庫存清倉品。當然你並沒有損失，而且買之前可能也已經感覺到「說不定裏面只有2萬日圓左右的東西」，但坦白說，還是會感到很失望吧。

那麼，你明年還會來買這家店的福袋嗎？內容商品如果相當於3萬5000日圓的話，說不定還有機會平反，但1萬2000日圓左右的話，應該已經不會想再買了吧。如果你以為是1萬2000日圓左右的內容而以1萬日圓購買的話，就會覺

得賺到2000日圓，而且明年可能還會再買……。不同的方式帶來不同的感受，為什麼呢？

　　CE高將會提高顧客的期待感，以促進新的使用欲望，也就是與「創造」新顧客的效果接軌。然後，實際購買後顧客的CS，也就是滿意度如果等於甚至高過當初的CE，則代表顧客得到了超過期望值的滿意度，就可以擄獲（套住）這個顧客，而會有顧客回購的情況。相反地，無論多麼努力煽動讓顧客上門，只要結果CS太低而背叛了顧客的期待，就不會有顧客回購而多次光顧了。

　　雖然在商業雜誌上時常可見CRM（Customer Relationship Marketing）、1對1行銷或是許可式行銷（Permission Marketing）等許多方式，但不論哪一個方式，無非都是要長期留住顧客。然而，其中非常重要的是，究竟企業所提供的產品‧服務是否給予顧客與CE相符的CS。也就是說，滿意度低的產品‧服務，無論多麼努力透過客服中心或直效信函（direct mail）大肆宣傳，顧客也不會重複上門的。這就代表CS與CE之間沒有哪一個較優先或哪一個比較重要的關係。如果不能讓顧客滿意，就沒有下一次的期待，話雖如此，但如果沒有一開始的期待讓顧客想試試看這個產品‧服務的話，那麼連討論滿意度的機會都沒有，也不會有將來（圖4-30）。

圖4-30　CE 與 CS 的關係

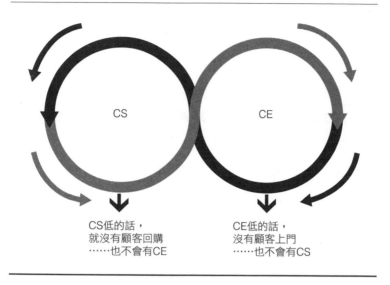

CS低的話，
就沒有顧客回購
……也不會有CE

CE低的話，
沒有顧客上門
……也不會有CS

◆CS／CE 與KBF 的關係

　　當顧客想要購買產品・服務時，並不會單純只看那個商品的價格或功能，還會廣泛地考慮該企業的品牌形象與社會責任（資訊公開或環境保護措施等是否完善）。因此，CS／CE分析不能只模模糊糊地詢問期待度與滿意度，還必須探索顧客的主要購買因素（KBF, Key Buying Factors）加以分析。

　　所謂主要購買因素就是顧客在選擇產品・服務時所重視的因素。例如，一般家用印表機，講到其KBF可能馬上會想到價格、印刷的鮮明度、大小、重量等。但是，應該不只

這些。只要在腦中具體回想一下自己使用時的畫面就會知道，包含與現在使用的電腦之間的連接性、安裝的方便性、印刷速度、墨水容量、維修……等，顧客所需求的內容，廣泛地遍及企業的整個商業系統（圖4-31）。

聽取顧客的心聲，在美國國內家用個人電腦市場上巧妙地讓營業額向上成長的，正是惠普（HP）。家用印表機市場原本屬於「便宜沒好貨」的機種，而與設置於辦公室的商用印表機之間清楚區隔。但是，隨著電腦的普及，SOHO族及回家繼續工作的人口增加，遂出現雖然小型但功能必須與商用機種相同的規格需求。HP即著眼於家用消費者當中存在著需求不同的區塊，快速回應這些需求而得以成長。

圖4-31　家用印表機的主要購買因素（KBF）之例

企業形象	整體		
	安裝	產品本身	售後服務
	與電腦的連接性 安裝的方便性 操作說明書是否清楚易懂 疑難解答項目是否足夠	價格設定 重量、大小 外型設計·顏色 印刷的鮮明度 印刷速度 是否有彩色印刷 印刷聲音大小 墨水容量大小 省電與否 解析度（照片·圖表等）	墨水匣的價格 墨水匣購買的便利性 墨水匣是否容易更換 其他售後服務

　　只要能毫無遺漏地抽取出 KBF，就把它列入自家公司的商品力、營業力、售後服務這些商業系統的項目裏。此時，要從顧客重視哪一個的觀點加以標註重要順序，以使 KBF 的重要項目在商業系統上能夠具體對應。如果少了這個動作就聽取評估，然後舉出許多項需要改善的項目，將會因為無法判斷該從哪一項優先處理而分散了方向性。

分析的類型

　　CS／CE 分析的類型包含自家公司的評價與標竿分析。

1. 評價自家公司的產品・服務

　　圖 4-32 是某外資壽險公司的調查結果，將價值系統（從顧客視點看見的商業系統）大致分為 6 個領域。其中，以屬於重要領域的評價項目的 CS／CE 都很高為最佳狀況。

　　從這個調查結果可看出「考慮購買時的對應力」與「後續追蹤」的 2 個領域中，CS／CE 的落差特別大。「考慮購買時的對應力」當中，「利用電腦修正規畫案」及「說明風險管理的重要性」是今後要繼續維持的重點。

　　另一方面，「考慮購買時的對應力」當中的「對顧客需求・問題點的理解」，以及「後續追蹤」當中的「生活型態改變時的追蹤」，儘管顧客期望（CE）高，滿意度（CS）卻極低。像這種情形，如果不盡快進行 CS 的改善，恐怕中途

圖4-32 壽險公司的顧客服務的相關CS／CE

與潛力顧客接觸

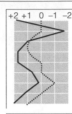

+2 +1 0 -1 -2
- 對人品有印象（信賴感／安心感）
- 會送小禮物
- 透過介紹人的信用／安心感
- 對該公司的信賴／安心感
- 專業的形象
- 可以進行工作方面的商量
- LP*業務的相關知識
- 對LP*業務的使命感
- 提供有關壽險的基本知識

考慮購買時的對應力

- 內容的説明容易理解
- 利用電腦修正規劃案很簡單
- 提案內容（保障額等）明確而且有根據
- 説明風險管理的重要性
- 稅務／會計相關知識
- 競爭對手公司／業界資訊
- 壽險／產品商品的相關知識
- 與競爭對手商品市佔率的比較
- 對顧客需求‧問題點的理解

商品內容

- 對應高齡化社會的商品齊全
- 有彈性（解約退款‧轉換）
- 可彈性對應生活型態的改變
- 低成本
- 可符合需求的客製化規劃
- 選項眾多

簽約時的對應力

- 會送贈品
- 簡便的簽約資料
- 親手交付保險單（契約內容的再確認）
- 發生事故時的手續説明易懂
- 已簽約保險的解約方式説明

後續追蹤

- 提供顧客商業上有用的資訊（不限於保險）
- 贈品很貼心
- 新商品的PR
- 生涯規劃由特定的負責人進行對應
- 產生抱怨時的溝通
- 生活型態改變時的追蹤
- 藉由定期拜訪顧客確認契約內容

事故發生時的對應力

- 隨時可以聯絡上
- 對應受益人的諮詢
- 迅速處理保險理賠金‧給付金的支付

—— CE ·········· CS

+2：非常滿意／期待
+1：還算滿意／期待
0：兩者皆非
-1：不太滿意／期待
-2：完全不滿意／期待

* LP：Life Planner　　　　資料來源：Business Collaboration 公司分析

解約的人數將增多，或者將很難得到既有顧客介紹有潛力的顧客加入。

新人或素質較差的營業員很容易犯的錯誤，就是態度親切地對待潛力顧客，然後「簽約後就丟著不管」。例如，「與潛力顧客接觸」當中「會送小禮物」的項目，CE雖然不高，但CS有稍稍上升。如果將這個情形錯誤解讀，解釋成顧客的想法是「雖然沒有期待要有小禮物，但收到小禮物還是很高興」，而大肆亂發小禮物就糟了。與其將力氣花費在原本就不受重視而且也未被期待的地方，不如落實舊有顧客的追蹤，擴大口碑宣傳的範圍會更有效率。

如上述，將分析的看法依重要領域將CS／CE試著放入矩陣，對於思考其意涵很有幫助（**圖4-33**）。尤其屬於右下方的CE高但CS低的項目，若不立刻改善將無法繼續留住顧客。

2. 為自家公司的表現設定標竿

在規劃企畫案時，最令負責人員頭痛的就是競爭狀況分析。除非是從POS等所提供的消費財資料或業界同等級的銀行，不然競爭對手的資料都很難取得。因此，詢問顧客也算是一種方法。

某廠商G公司在業界市佔率遙遙領先，擁有傲人的成績。但是向來甘於屈居第二的競爭對手H公司，最近直接接觸具有主導決定權的使用者端，企圖扭轉市佔率局勢。抱持

圖4-33　商品・服務的CS／CE

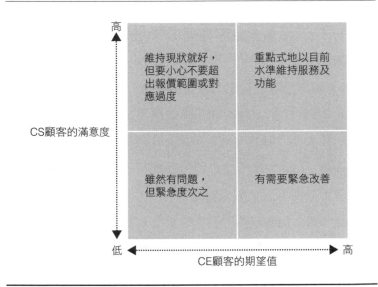

危機意識的G公司，決定針對各個具有主導決定權者，進行業界包含自家公司在內5家公司的CS／CE調查。於是得知，雖然G公司的商品力與營業力確實評價都很高，但H公司所主攻的新使用者端部分，G公司幾乎無法與競爭對手做出區隔。別說區隔了，甚至可知G公司明顯地輸給對手。因此，可以判斷今後的業界，G公司的地位呈現弱化的風險極高。

只要下工夫，CS／CE調查也可以成為從顧客視點得知自家公司與競爭對手間相對地位的寶貴資訊來源。進行多年的調查，進行時序的比較也是方法之一。

3. 調查自家公司員工的意見

雖然顧客很重要，但是在考慮顧客之前，若員工不能每天很有朝氣地面對顧客的話，無論做什麼都不可能讓顧客滿意的。CS ／ CE 分析也可以用於調查員工意見。隨著日本已經從年功序列體制轉變為能力本位，換工作逐漸變得普遍。表現越好的人眼睛越是往外看，由於不會想緊抓住公司，所以離職率（turnover）變高。但是，如果需要特殊技能的職位離職人數增加的話，由於無法輕易找到代替的人，對公司而言將是慘痛的損失。於是，許多公司為了留住優秀員工，紛紛推出各式各樣的策略，而這些策略的起始點就是來自意見調查。

如圖 4-34 右下部分，CE 高但 CS 低的員工會感覺「即使待在這裏，自己也不會有多少成長」，所以在不久的將來辭職的機率很高。相反地，CS 過高型的左上方，也就是 CE 低但 CS 高的員工太多的話也要小心，這代表「反正在這裏很好，所以就先待著吧」，所以是對企業而言沒有太大貢獻，卻只會增加成本的員工。如果員工覺得，反正公司現在不是為了什麼原因而必須大幅裁員，所以就這麼維持現狀悠悠哉哉過日子的話，那間公司的未來將是一片黑暗，而那樣的員工的未來也必定是沒有希望。反之，現在的滿意度也不錯，對未來的期待也高的右上方型員工多的公司，可以說是今後會成長的公司。

圖4-34 員工對於公司的CS／CE

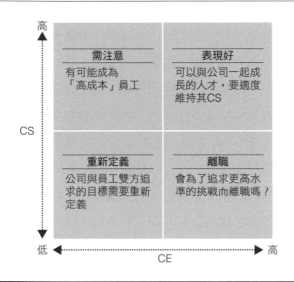

分析的應用

　　現在是CS／CE也會影響企業的市場價值的時代。以前，決定股價的主要是既有的營業項目所產生的現金流。但，投資人並不是光看現金流而行動的。因為例如被評為優良企業的Pfizer（輝瑞）、Cisco Systems（思科）及GE（奇異）等股票的總市值，已經超過現在時點所估算的現金流水準。根據麥肯錫公司的試算，其差距在Cisco約為3倍，GE為1.4倍（圖4-35）。那是因為在股票市場上，會將該公司未來可期待的價值，也就是推測其未來可能產生的現金流的期

圖4-35 美國優良企業的市場價值

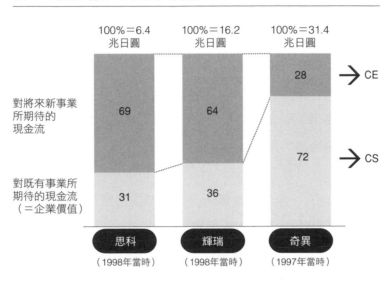

出處：The Mckinsey Quarterly（1999 年10 月號）

望值也加入評估的結果。

　　那麼，日本的企業又是如何？泡沫經濟時期的日本高股
價來自於企業以不產生現金的閒置地及帳面上所含有的利益
進行資金調度，努力擴大企業表象及改善生產力的結果。現
在除了 Sony 及 NTT DoCoMo 等一些企業外，別說培育新的
成長領域了，就連核心事業的業績改善，光是在成本效率化
方面就已經筋疲力竭了，其他的視點根本無力顧及。在這種
情況下，投資人對日本企業的將來不抱期望。

　　但是，其中也有些公司只要更新管理體制，就具有可產

生未來現金流的潛力。這些公司成為M&A（包括敵意併購）對象的可能性很高。

練習｜CS／CE 分析

　　請從下列7個選項中選3項，分別舉出CE、CS的具體事例。與你的家人、朋友與同事分享你的假設，討論其適切性，說明你的論點。

〈定義〉

- CE：人、企業、組織、自治體經常創造令人期待的事物，發掘出新需求
- CS：人、企業、組織、自治體雖然不會率先從事新事物，但實踐的內容必定讓人滿意

(1) 報章雜誌或電視台

(2) 職業運動團隊（棒球、足球等）

(3) 汽車製造商或家電製造商

(4) 航空公司或計程車公司

(5) 休閒觀光地區、度假地區（國內外皆可）

(6) 國家（你選擇做為永久居住地時）

(7) 你周遭的人與你自己

第 5 章

掌握「深度」，以結構來掌握問題
並將問題具體化

抵定「深度」就是將發生的事情視為現象，
用邏輯加以結構化，以逼近問題的本質。

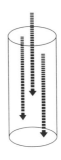

　　商業終究是「成果主義」，以數字論斷結果。在形成結果的過程中即使再怎麼努力，如果沒有反映在最終的數字上，就不會受到肯定。商業的宿命就是以營業額或利益、市佔率等數字加以判斷或考核。因此，商業上的問題就是必須以數字論好壞並掌握問題，以尋求解決。

　　但是，光看數字而看不見問題本質的話，仍然無法解決問題。因此，在抵定「問題」的同時，也必須探討做為問題本質的根基。於是，為了探討被視為結果的那些表面數字的本質，也就需要追求分析的「深度」。

　　如果數字的問題，例如ROE（股東權益報酬率）低落的問題只集中在一項原因的話，只要針對那項原因去解決就好了。但是，在商業上，像那樣100%必然地產生什麼結果，或具備單純的因果關係的情形，實在少之又少。因為我們所處的環境極為複雜，而且存在許多不確定的因素，狀況時常混沌不明。其中，為了針對某個結果要找出具體的問題或課題，「邏輯」就變得很重要。若不能以邏輯掌握結構並掌握問題，以尋求解決，將很可能做出文不對題的解決方案。那就只是毫無章法的「賭博」罷了。

　　例如，假設因為直覺正確而有了一次成功經驗，如果不能用邏輯去釐清問題的結構的話，下一次發生同樣問題時，因為沒有累積經驗，只好還是隨性地去想辦法解決。也就是說抵定「深度」，就是將發生的事情視為現象，用邏輯去掌握其結構。

◆貫徹邏輯造就成功：黑貓大和宅急便

與舊制的郵政局對抗，在日本國內創造「宅急便」市場的大和運輸的原會長小倉昌男先生的著作《小倉昌男經營學》（中譯本小知堂出版）中提到，構思黑貓大和的宅急便，而終於大獲成功的原因就在於重視邏輯。

他說，在思考宅急便的收益性時，必須確保收入大幅超過收集配送作業所產生的成本。而其中關鍵就在於 1 天收集幾個包裹，以及包裹的收集密度。相關的變數包括：有需求的人口密度、車輛的作業效率、業務涵蓋區域的面積等等。所以，在貨物需求密度還很低，也就是市場尚未充分開拓的期間，可能會出現虧損。但是，假以時日的話，市場打開了，貨物的需求密度已達一定規模，也就是超越臨界量（critical mass），就可以超過損益兩平點。由於思考到這種程度，所以小倉先生投入宅急便市場，而且從嘗試失敗當中記取教訓，進行計畫的微調，並說服那些情緒化反對的人，而獲致最後的成功。其背景就在思考道理、按照道理並貫徹道理的貫徹邏輯的作風。

要用邏輯抵定結構並不容易。話雖如此，但如果說按照邏輯追求「深度」很困難就放棄的話，將不會有解決方案。所以即使很困難，也一定要去探索與數字結果強烈相關的問題與解決方案，不這樣不行。本章將從多個角度掌握用於追求「深度」所不可缺少的「邏輯」。

5.1 邏輯

藉由追求深度的邏輯，掌握因果關係

所知內容

藉由邏輯結構化並深入挖掘問題，就是不厭其煩地問「為什麼？」「為什麼？」「為什麼？」，這是徹底自我追問的一項工作。但是，這項工作一般來說都做不好。時常可見的模式是在重複問「為什麼？」當中，不知不覺間，問題已經從「為什麼？」反轉成「於是呢？」。

有一段時期，我在講授邏輯訓練的課時，會讓學員試著思考「為什麼會進展成為少子化？」的問題。有些人的邏輯推展如下：「進展成為少子化」→為什麼→「不生小孩的夫婦增加了」→為什麼→「托兒所等設施不夠完善」→為什麼→「對於雙薪家庭而言，帶小孩與上班難以兼顧」→為什麼→因為「無法多生小孩」。

乍看之下似乎很符合邏輯。但是這樣的推展，其實「為什麼？」在推展過程中已經變成了「於是呢？」。使用正確的邏輯推展應該會是：「進展成為少子化」→為什麼→「不生小孩的夫婦增加了」→為什麼→「對於雙薪家庭而言，帶

小孩與上班難以兼顧」→為什麼→「托兒所等設施不夠完善，生小孩會增加負擔」。

在一開始的分析中，追究「進展成為少子化」的一個原因就是因為「無法多生小孩」。於是，從這裏開始導出的解決方案的方向就變成「要多生小孩」。這樣真的就能解決少子化的問題嗎？在上述推展當中，原本已經找出托兒所等設施的完善性有待加強的，最後卻完全被埋沒。

如果用這樣的思考模式來挖掘現狀問題，結果將無法找到具體原因，例如對於A商品的營業額下降的問題，結果只能掌握到A商品競爭力低落的表面原因。這樣就看不見問題的本質，而無法著手找出具體解決方案的方向。

而且，商業中運用的各種計畫，基本上是對未來的預測。所以，所謂計畫成功就是藉由實踐各式各樣的商業活動，而達成預測，連結到最終的成果。使用邏輯進行預測的話，無論成功或失敗，事後都可以追蹤得知「為什麼成功」、「為什麼失敗」，可以記取教訓而成長。這和無法重現的「直覺」或「單純臆測」大不相同。

分析的類型

◆風越吹木桶店越賺錢？

日本江戶時代有一句諺語叫做「風越吹木桶店越賺錢」。這個諺語的邏輯是以「風吹」為因，「木桶店賺錢」為果。

這是根據幾個因果關係的步驟連結出的結果（**圖5-1**）。如果這個「邏輯」是正確的，就會變成想開木桶店大賺錢的話，只要去風大的地方開店就好了。如果大家都生在江戶時代，因為公司改組縮編而失業，只剩下唯一一條生存之路就是去向木桶店分得暖簾（譯注：取得授權）開設木桶店的話，你是否會相信「風越吹木桶店越賺錢」這個邏輯？如果真有人這麼做的話，表示這樣的邏輯在溝通上具有說服力，但在這裏想討論的是，對商業人士而言，必須要有能看穿這種邏輯正確與否的能力。

圖5-1　「風越吹木桶店越賺錢」的邏輯

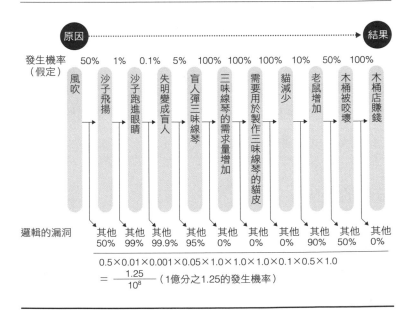

　　木桶店會賺，意思就是表示營業額上升，市佔率上升，利潤提高，股價上漲。但是當營業額沒提升，市佔率不上升，也沒有利潤，也就是木桶店不賺錢的時候，也不能就斷言原因在於「沒有風」，然後就將木桶店移到風大的地區，結果什麼問題也沒解決。原因在於，「風越吹木桶店越賺錢」的邏輯在許許多多的地方，其因果關係是斷裂的。例如，即使是在江戶時代，有多少人會因為只是沙子跑到眼睛裏就失明呢？即使貓減少了，老鼠就會增多嗎？也就是說即使風大，木桶店也不一定賺錢。

　　「風越吹木桶店越賺錢」的邏輯意涵，在商業上來說的重點就是：像這種幾乎沒有因果關係，只能說是歪理的邏輯，實際上充斥於市面，到處都是。模模糊糊地感覺好像被說服了就去執行，結果卻得不到成果，其實是因為邏輯不正確的關係。在商業上以表象的結果深入挖掘問題的時候，只要其中的原因與結果不是以很強的因果關係相連結，那麼即使解決了這個原因（問題）也沒有用。由於商業所牽扯的環境很複雜，所以可以百分之百斷定原因與結果之間連結關係的情況可以說少之又少。例如以「風越吹木桶店越賺錢」的例子來說，三味線琴的需求量增加，則需要貓皮，那是由於三味線琴是用貓皮製成的，所以因果關係100%成立。也就是說，像這種很清楚的因果關係是極其罕見的。也正因為如此，在複雜的商業環境中，至少需要具備能力去分辨其中因果關係的邏輯是否正確。

◆商業的邏輯隨時代而改變

　　另外一個重點是，商業與自然科學不同之處，就在於商業的因果關係會隨著時代環境而變化。商業上的邏輯，時常會隨著技術革新或消費者的嗜好而改變，或是政府法規的鬆緊而改變。有些以前認為有道理的邏輯，突然之間可能變得不合道理。如果覺得奇怪而問「以前成功的經驗為什麼現在不通用」，那是由於當時通用的邏輯受到某種環境變化的影響而變質了。如果以前的經驗不通用了的話，應該可以分析出是受到什麼影響而變得不能通用的。「風越吹木桶店越賺錢」的邏輯中，風一吹沙子就飛揚的因果關係，在江戶時代是相當合乎道理的邏輯，因為當時完全沒有舖設道路，所以只要有一點風吹來，應該就會造成沙子塵埃到處飛揚。但是，現在只要是稱為路的道路幾乎都經過舖設，即使有風也不會造成沙子塵埃那麼大的飛揚。也就是說，隨著舖路技術的進化，現在風吹沙子飛揚的邏輯已經變得不通用了。還有，現在的貓已經不太追老鼠了吧。如果想要證實的話，可以在一個大房間裏，分成家貓‧野貓、空腹的貓‧飽腹的貓等幾個類型，將牠們與老鼠關在一起觀察生態就知道了。

　　以身邊的商業案例進行類似的邏輯思考訓練，會發現結果很糟糕。那是因為，許多營業員沒有在平時就在腦中建構「思考為什麼，加深思考深度並行動」與「採取這個行動的話，結果會如何」這種思考因果關係的邏輯的基本迴路。他們只是模模糊糊地隨便想想，即使行動，也無法鍛鍊出看穿

商業道理的邏輯迴路。

　　這樣的營業員，即使環境變化了，只因為老闆說或大家都說怎樣好，甚或因為競爭對手都這麼做，就不假思索去行動。這樣的思考，不可能是商業・專業上的贏家。

分析的應用

◆最佳實務範例與標竿分析，要結合「演繹法」與「歸納法」

　　演繹法的三段論法（**圖5-2**）是「若B則C，且若A則B，所以若A則C」的邏輯結構，如果將之與歸納法結合之後，就可以進行如**圖5-3**的推論。這乍看之下似乎很難，但

圖5-2　三段論法的邏輯

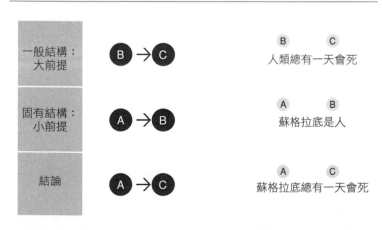

圖5-3 演繹法與歸納法結合後的邏輯

| 演繹法 | 一般人在平常的意識中或直覺所使用的「因為這樣所以那樣」的結構，用於掌握該結構的邏輯的大原則。也可說是亞里斯多德的三段論法。 |

根據三段論法的假設

一般結構：大前提	Ⓑ → Ⓒ	Ⓑ營業員的佔有率 → Ⓒ 決定市場佔有率
固有結構：小前提	Ⓐ → Ⓑ	Ⓐ在都會區 → Ⓑ 營業員的佔有率有下滑的傾向
結論	Ⓐ → Ⓒ	Ⓐ在都會區 → Ⓒ 市場佔有率下滑

| 歸納法 | 從複數個事實找出共通性，推論出商業的機制。由於是重視過去·經驗的方法，所以若是根據偏頗的事實進行推論，也就是道理不正確的假説，會導出錯誤的結論。大多成為演繹法的一般結構（大前提）。 |

歸納的推論（結合到大前提）

事實1	A1 → G	在A1地區營業員的佔有率會影響該地區的市場佔有率
事實2	A2 → G	在A2地區營業員的佔有率會影響該地區的市場佔有率
事實3	A3 → G	在A3地區營業員的佔有率會影響該地區的市場佔有率

| 推論 | （法則）A群組（A1、A2…）→ G | 營業員的佔有率決定市場佔有率 |

其實是到處可見，且任何人都會應用到的邏輯。可以用於藉由歸納性的推論普遍化的大前提中加入固有的小前提，而將演繹性的假說做成結論。

　　這可以適用於具有各式各樣最佳實務範例的某個領域，或者以具競爭力的競爭對手為標竿來思考自己的因應對策。事實上，在日常的商業活動當中，人們常常在不知不覺中運用這種「演繹法」與「歸納法」。

練習｜邏輯

1. 參考「風越吹木桶店越賺錢」的例子，盡量以正確連結的因果關係，編列出「景氣越差，家庭號咖啡的需求量越增加」或者「景氣越差，家庭號咖啡的需求量越減少」的整個邏輯推演內容。並且針對景氣與家庭號咖啡的需求（包含在家裏喝的即溶咖啡或普通咖啡等）是否有因果關係，若有，則應該是增加還是減少，請做出結論。另外，請思考所編列出的因果步驟上需要驗證的部分，要以什麼方式進行調查‧分析。

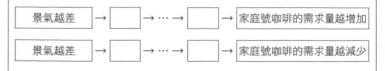

2. 請試著從自己周遭舉一些例子，是乍看之下似乎沒有因果關係，但深入思考後會發現其實有很強因果關係的事例。

5.2 因果關係分析
從惡性循環中掌握應解決的真正原因

所知內容

在商業的現場,即使某個問題已經表面化了,但由於有各式各樣的原因牽扯其中,若是在不知道哪個是最重要原因的情況下就著手處理,可能情況會一直無法改善,甚至更加惡化。當事情無法順利進展時,往往會像扣錯了排扣一般一路錯下去,因而陷入惡性循環。因果關係分析(causality analysis)就是徹底掌握現象與原因的因果關係,將已經表面化的問題(現象)其背後的原因找出來的分析法。

圖5-4 顯示負成長的企業所陷入的惡性循環。營業額下滑,所以企業的固定費用佔比上升而收益降低。收益雖然也會分配給股東等等,但也應該用於將來的企業活動才對。一旦用於企業活動的資金不足,就不能充分投資於研發、新產品開發、促銷活動、生產設備的更新等。這些情況都影響到競爭力,造成對顧客的吸引力降低。這麼一來,也就形成營業額越來越低的結果。

如果想切斷這種負成長的惡性循環,就必須針對所有的

圖5-4　因果分析：負成長企業的惡性循環

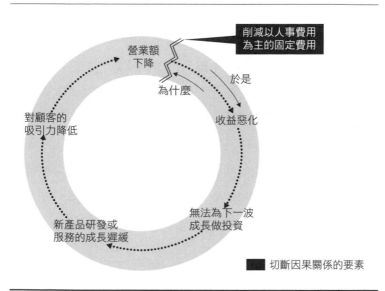

固定費用，尤其是人事費用進行成本削減。也就是說，這個想法是將營業額降低與收益減少之間的因果關係暫時切斷。藉此，收益可暫時轉為正數，而產生企業走向新成長的良性循環。但是問題在於，會引起這種惡性循環的本質原因究竟是什麼？

如果追蹤營業額降低的根本原因，恐怕會發現其原因在於願景或策略的問題，但如果不能明確地掌握這部分，即使暫時切斷惡性循環，也無法獲得接下來的良性循環。也就是說，只要沒有讓顧客樂於購買的產品‧服務，那麼縱使進行「縮編改組」也解決不了任何問題，反而因為士氣低落而造

成有能力的員工一個一個離職。

另外，再舉一個身邊的例子。在第1部中也曾提及的潛在糖尿病患，也可說是陷在惡性循環中的人。以忙碌而不規則的生活為起點，然後產生壓力→暴飲暴食→肥胖→缺乏運動→壓力的惡性循環，但若撇開遺傳的因素不談，本質上的原因其實在於「沒有節制的生活型態」。所以，製造出這種惡性循環的自我管理能力不足的弱點才是最大的敵人。如果喝營養飲料或維他命劑的話，也許可以暫時切斷因果關係。但是，只要仍然維持相同的生活，本質上就不可能去預防。即使運氣好沒有得到糖尿病，以後也會為高血脂症或心臟病等疾病所苦。

像這樣可以運用因果分析來處理的情況，有2個重點：

1　構成惡性循環的因果關係應該在哪裏切斷？
2　引發惡性循環的真正原因為何？該如何解決？

分析的類型

如前所述，在商業上的因果關係，對各個商業領域而言分別有其「固有」的邏輯。因此，先去了解各個商業領域客觀因果關係的工作絕不可省。

處理的方法有2種，一是由現狀分析以確定惡性循環，或是先在腦中想出良性循環再分析現狀。但並不是選擇其中

1種的意思。而是必須先確定惡性循環與良性循環這兩方面，才能夠明瞭原因以及解決方案。

1. 由現狀分析確定惡性循環

　　進行因果分析時，首先要追究出引發現象的具體原因。下一段的例子，會將幾個具體原因與已變成問題的現象之間的因果關係，用箭頭連結來表示。如果沒辦法連結因果關係的話，可能是因為漏了某些連結的項目或是箭頭的方向寫反了。在重複進行這項作業當中，因果關係將會越來越清晰。於是，最後將已經表面化的問題（現象）與該解決的真正原因加以整理，將真正原因標上解決時程的先後順序。

　　例如，超市或CVS（便利商店）所販賣的保鮮類生鮮食品或飲料（啤酒或牛奶），在種類少競爭較平緩的時候，就呈現一生產出來就賣掉的良性循環。但是，一旦消費需求或競爭規則改變，就會產生總是賣不出去的問題（圖5-5）。

　　首先用「邏輯樹」（logic tree，圖5-6）具體思考這種「賣不出去」的問題（現象）的原因，結果發現似乎是商品有些問題。再深入追究原因的話，發現原本是想要將消費者細分成各種類型，為了訴求各類型的消費者，而採行品項多樣化的策略，結果變成滯銷。而且庫存增加，在店面也陳列較舊的商品。再深入追究的話，可能發現需求預估相當草率，沒做好供需調整似乎也是原因。

　　像這樣將思考所得的各種原因以因果關係的箭頭連結，

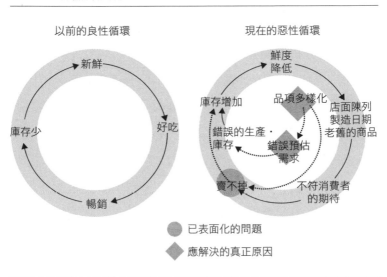

圖5-5　保鮮類商品的因果分析

整理可以想到的最根本的原因，可以得知最重要的原因在於毫無計畫地採行品項多樣化，以及需求預估不夠精確。此時，為了解決營業額下滑的問題，如果把「庫存增加」視為原因，斷定「為了減少庫存，應該加強庫存管理」，那就大錯特錯了。因為表面的庫存調整，即使可以暫時減少流通階段的庫存，仍會增加在工廠階段的庫存。

因果關係分析的重點是，在解開因果關係的過程中去追究「真正原因」，這一點絕對不能草率，也不能中途放棄。因為如果採行那種隨便應付一下的解決方案，就會拖延問題，而且情況會更惡化。

圖5-6　邏輯樹的思考方法

所謂邏輯樹，是在進行主要課題的分析時，根據 MECE 的思考法，
將結構或機制進行分解・整理成樹狀，深入挖掘問題點，
可以有效將解決方案具體化。

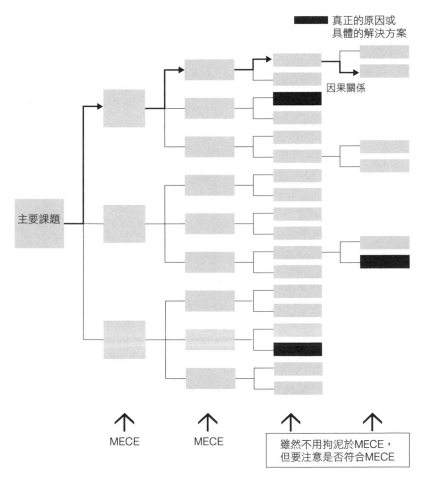

注：麥肯錫公司稱之為邏輯樹。

2. 先在腦中想出良性循環再分析現狀

當你想知道為什麼績效表現不佳時，並不是只能在那些原因的因果關係之間不斷翻來覆去而已。觀察一下周遭發生的良性循環（最佳實務範例），比較看看究竟哪裏不同，也是很有效的。

從事人壽保險這種問題解決型工作的營業員，其成功模式（良性循環）與失敗模式（惡性循環）的不同究竟在哪裏？**圖5-7**中將重點處標記圓圈，可以看出兩者的特徵。

其中，成功模式是將精力投注於「引出顧客的需求‧問題點」與「後續追蹤」，相對地，失敗的模式則是傾力於「地毯式推銷」與「強行推銷」。也許你會想說原來如此，那麼只要改變這2個地方就好了，但是，實在不太可能昨天還是「簽約後就丟著不管」的營業員，馬上就可以做好提案的工作。仔細閱讀這個圖中惡性循環的表現，就會發現正好是與良性循環相反的描述。這絕對不是巧合。會陷入惡性循環，正是因為當事人在不知不覺間不斷重複做一些與良性循環正好相反的舉動。

如果只是斷然地暫時切斷因果關係的話，是無法轉變成良性循環的。如果想要檢驗你所畫出的惡性循環圖是否合乎邏輯，只要將所有的描述都反過來說就行了。

例如以前述的負成長企業的惡性循環為例，營業額降低的話就改成營業額增加，收益減少的話就改成收益提升。如果將描述完全反過來說時，因果關係的道理還可以通的話，

圖5-7 問題解決型工作的良性循環與惡性循環

 重點處

顧客對商品‧
服務的滿意度高

在適當的時間點，
藉由後續追蹤確認‧
修正商品的內容

顧客介紹熟人
朋友成為潛力
顧客

優秀的營業員
創造價值的流程
（良性循環）

取得「同意」
後加入保險

基於介紹的信賴感，
充分引出新顧客的
需求‧問題點

提出確實符合
需求的商品‧
服務的提案

顧客對商品‧
服務的滿意度低

因為沒有進行
後續追蹤，
商品‧服務的
內容一直都
不符顧客需求

幾乎沒有顧客
介紹潛力顧客
進來

不優秀的營業員
創造價值的困難
（惡性循環）

未充分取得
「同意」
就加入保險

對所有具新契約
潛力的顧客進行
地毯式的電話行銷

強行推銷商品‧
服務的提案

就表示改成良性循環應該可以成立。相反地,將描述反過來
說時,因果關係會變得很奇怪的話,就表示你原先因果關係
的設定只是勉強用自己的理由串聯而成,是不合邏輯而且是
錯的。

分析的應用

　　以上介紹了惡性循環與良性循環各自的分析方式。這裏
將介紹組合這兩個類型以觀察企業競爭策略的案例。

　　現在,最深切感受到全球化威脅的應該是金融機構吧。
海外金融機構打著自由競爭的旗幟,已經開始進入始終無法
脫離日本政府保護傘的日本金融業界。如果兩者彼此競爭的
話,結果會如何(**圖 5-8**)。在以前,無論與哪一家金融機構
往來都一樣,所以日本消費者之前沒有意識到日本金融機構
的做法是屬於「惡性循環」,因為沒有比較的對象。但是今
後就不同了,當大家知道海外的金融機構提供更多種有利於
消費者的金融商品,而且是很明確地進行著良性循環,從
此,日本金融機構將陷入惡性循環。

　　也就是說,當具有良性循環模式的企業進入了老舊體質
業界的那一瞬間,過去可用的老舊模式,就開始進入了惡性
循環當中。

圖5-8　海外先進企業進入國內時產生的競爭狀況
　　　　（金融機構的案例）

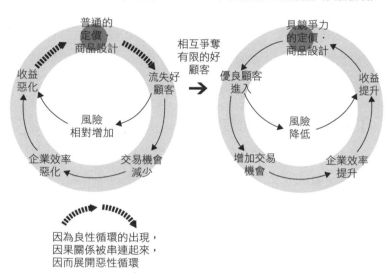

日本的金融機構（惡性循環）　　　　　　先進的海外金融機構（良性循環）

普通的定價‧商品設計

收益惡化

流失好顧客

風險相對增加

企業效率惡化

交易機會減少

相互爭奪有限的好顧客

具競爭力的定價‧商品設計

優良顧客進入

收益提升

風險降低

增加交易機會

企業效率提升

因為良性循環的出現，
因果關係被串連起來，
因而展開惡性循環

資料：Business Collaboration 公司分析

　　泡沫經濟瓦解後，這些金融機構就受困於鉅額的不良債權，然而至今還是無法大幅轉變方向，正是因為已經陷入惡性循環的泥沼中。

練習｜因果關係分析

　　從事漢堡的加盟連鎖業的W公司，店鋪的營運是委交給稱為「特許經營人」的獨立所有人。但是，最近有很多特許經營人反映說，很難留住店內的員工，情況相當嚴重。以下是討論這個問題的「特許經營人會議」的會議紀錄。請閱讀後回答以下問題。

【在會議上主要的發言】

- 「以前會認為在速食店工作很酷，現在已經完全相反了。從打工人員聽到的意見是，現在的速食店只是三糟（骯髒、黑暗、辛苦）職場。」

- 「與以前漢堡只有3種的時期相比，現在什麼都賣。經營變得很複雜，打工人員與正職員工都無法固定長久。」

- 「開什麼新店，實在是太離譜了。我希望進行調整的程度只限於將現有的店面進行整理，或將員工轉到地點好的店鋪就好。」

- 「打工人員辭掉後一直找不到代替的人，店裏變得很辛苦。話雖如此，招募人員需要錢，還必須面試，因為也不是誰都可以，所以相當辛苦。」

- 「員工手冊中寫著要做這個，禁止那個，訂立了很多規矩，但我認為是不是應該讓他們有一些自由空間

了？最近的年輕人都沒有自己思考的習慣，所以無法臨機應變，真的很令人困擾。」

- 「公司的區域經理時常來露臉，但都只是來聽聽我們的抱怨而已，從來沒給過任何改善的提案。如果他有那些空閒時間的話，希望能分擔一些我們的工作。」
- 「競爭對手的Z公司聽說時薪比我們高100日圓，辭掉的打工人員好像有很多人跑到那裏去了。現在是少子化的時代，漢堡店之間還要這樣搶人，實在是撐不住了啊。」

【問題】

1. 根據以上發言，請畫出顯示加盟店人員問題的惡性循環圖。

2. 指出該問題真正的原因，並請提出能將惡性循環轉變為良性循環的解決方案的假說。

5.3 相關性分析
從相關性推斷商業上的因果關係

所知內容

　　所謂相關性是指當一方改變，另一方也會改變的這種相互影響的關係。例如營業員的拜訪次數增加時營業額也會提高，拜訪次數與營業額之間就具有相關性。另外，由於增加某產品的生產量所以單位成本降低，也是同樣的情況。此時，如果一方的數量增加則另一方也增加，稱為「正相關」；一方數量增加則另一方減少，則稱為「負相關」。以上面的例子來說，拜訪次數與營業額的關係是正相關，生產量與成本的關係是負相關（**圖**5-9）。

　　商業上的問題有各種因素糾結在一起，要很快找出具備因果關係的「原因」非常困難。因此，必須不斷地根據假說選出與「現象」具有相關性的「因素」，從中找出真正具有因果關係的「原因」（**圖**5-10）。這正是相關性分析的目的。

　　相關性分析，通常用以下方式進行：設定營業額、成本、利益、市佔率等「現象」為Y軸，設定可能與其相關的「因素」為X軸，例如拜訪次數、商品知名度、生產量等，

圖5-9　相關性分析

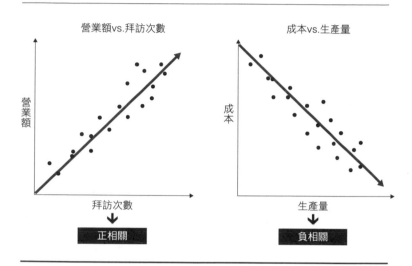

圖5-10　相關性與因果關係

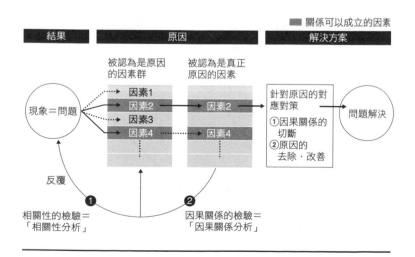

將數據製成圖表或散布圖的形式。如果具有漂亮的相關性，則數據應該會排成朝右上方或右下方的直線，但實際多半會呈現凹凸狀。此時觀察數據群從相關直線偏離的程度，就是「迴歸分析」（regression analysis）。顯示偏離度的迴歸係數r的值越接近1，則表示與相關直線的偏離越小，所以可以說這些數據的X軸與Y軸的相關性很高。相反地，數據分布零散就表示相關性低（**圖5-11**）。雖然統計學上似乎只要r值未達0.9以上就不認定其具有相關性，但在商業經營的世界裏，我們不是要追求科學「準確度」，而是以「傾向」觀察其相關性。r＝0.7以上的話大概就OK了。另外最需要注意的是，即使r值相同，製圖之後的數據不是排成直線的情形。

圖5-11　相關性的成立

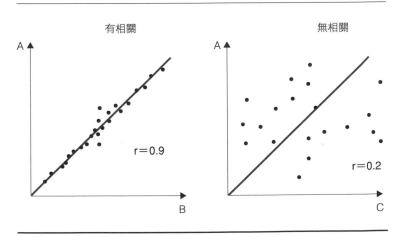

有相關　　　　　　　　　無相關

r＝0.9

r＝0.2

◆只要有因果關係，相關性就成立

在本章的5.1、5.2節中曾經提到，商業上的問題解決就是深入挖掘表面化的現象「為什麼」會產生，針對在其中挖掘到的「原因」加以改善。所謂「原因」，是指與表面化的現象具有因果關係的因素。那麼，要使得因果關係成立必須具備什麼條件呢？那就是下述3項條件：

① 現象與因素之間具有相關性

② 因果（原因與結果）的順序在邏輯上以及時間上沒有顛倒錯置

③ 現象與①的因素之間若中間有不同的因素時，這些因素之間也滿足①②的條件

某個現象與因素之間若有因果關係就一定有相關性，但相反地，即使有相關卻未必有因果關係。以開頭介紹的案例來說，拜訪次數與營業額之間存在相關性，卻無法斷言具有因果關係。即是去拜訪，還必須跟顧客端具有購買決定權的決策者「見面」，進行符合對方需求的「商品說明」，並進行到「價格交涉」的階段，才有可能與營業額搭上線。以因果關係的成立條件來看，拜訪後到營業額確立之間的過程中，隔著許多第3項的「不同因素」，這些因素之間如果沒有因果關係的話，即使有相關性也不能說具有因果關係。

另外，商業上的因果關係不過是用於解決問題的工具而已，所以不是單純只要判斷有沒有關係就可以了，還需要時

常思考其影響程度，也就是如果去除掉該原因，可以解決百分之幾的問題，這個過程是很重要的。尤其是「蚊子大量出現則GDP就會上升」、「不景氣時賽馬券會暢銷」這種原因與結果橫跨宏觀與微觀的題目，格外容易產生問題。宏觀的結果，是無數的微觀原因所產生的。GDP的成長是由各種經濟活動累積並相互影響所產生的。所以蚊子大量出現可能會對殺蟲劑或止癢藥的營業額，以及日本腦炎的預防接種等醫療費用的增加有所貢獻，但是必須思考究竟這些佔GDP的百分之幾。將僅佔0.001%影響力的事情現象舉出來，討論是否具有因果關係，實在沒什麼太大的用處。

分析的類型

1. 從相關性分析找出因果關係強且感度高的軸

清涼飲料是以營業額決勝負的產業。大量一次購買就減價20%～30%的確可以提升營業額，而且也可讓購買的家庭成為重度使用者，因為會重複回購而可以確保利益（圖5-12）。在超市或折扣商店可以看到多家公司折扣戰的戰況激烈，正是這個原因。

圖5-13顯示某超市的寶特瓶裝飲料折價促銷的結果，大型飲料製造商J公司以不同的價格設定與競爭對手K公司對打時，銷售瓶數上的變化暗藏玄機。J公司折價幅度大時，銷售瓶數也隨著增加，但當降到265日圓以下時，銷售

圖5-12　清涼飲料降價銷售的影響力

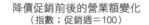

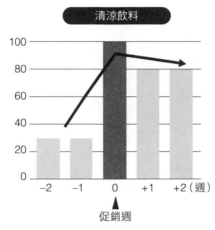

降價促銷前後的營業額變化
（指數；促銷週＝100）

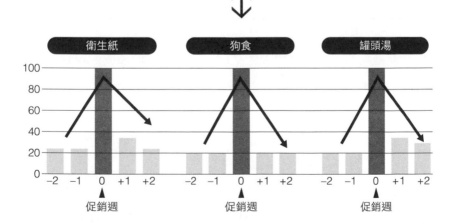

資料來源：GMS 購買者訪談、Business Collaboration 公司分析

圖5-13　J公司的零售價與營業額的相關性

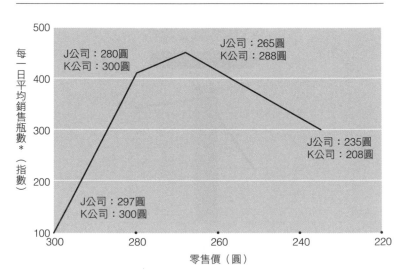

* 售價297日圓時的銷售瓶數為100之指數化
資料來源：Business Collaboration 公司分析

量竟逐漸減少。如果直接接受這個現象，可以解讀成「盲目
地降價是沒有用的」，也可以解讀成「價格設定低於265日
圓時銷售瓶數會減少」。究竟這個分析有沒有表現出真正想
傳達的訊息？能不能利用相關性分析，更明快地傳達折價促
銷的有效性呢？

　　像這樣其相關性無法很清楚呈現的時候，就必須快刀斬
亂麻改成其他幾個有可能性的軸，多分析幾個類型看看。但
只要仔細看圖5-13就會發現，J公司的銷售數量減少是因為
與K公司價格設定逆轉所導致的。對價格敏感度高的主婦只

要品質相同，就會選較便宜的買。而且在該圖中可得知 J 公
司的銷售數量，卻看不出 K 公司的情況。這麼一來，重要的
折價促銷戰的勝敗仍處於「謎霧之中」。

　　圖5-14 的 X 軸是取 J 公司與 K 公司的價差，Y 軸是取兩
家公司相對市佔率（兩家公司的總計銷售數量為100% 時的
市佔率，也可說是「勝出率」。而且，關於勝出率請參照下
一節「市佔率分析」）。現在應該可以了解到與競爭對手的價
差直接反映在市佔率上的事實。也就是說，在這個案例中，
與 J 公司的銷售瓶數有相關性的不是價格設定，而是與競爭
對手 K 公司的價格差異。而且，這與市佔率的增減之間存在

圖5-14　J 公司與 K 公司的相對市佔率與價格差異的相關性

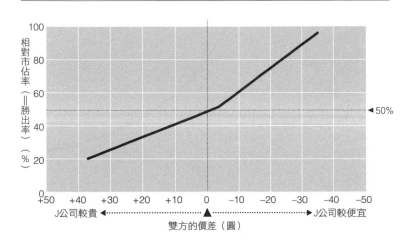

資料來源：Business Collaboration 公司分析

有因果關係的可能性也很高。

如一開始所描述的,相關性分析的重點是反覆進行假說思考與驗證分析。從其中選出敏感度高且具「重要性」的軸。盲目地大量繪製圖表則會浪費時間,而且拘泥於不適當的軸,也不能找到真正因果關係強的軸。

2. 從相關性引導出對策

對顧客而言的價值相同的話,隨著價格的降低,其吸引力就會提高。將這個相關性圖表化之後就是價格彈性的曲線,**圖5-15**是麥當勞的「漢堡」案例。從圖5-15可以看到

圖5-15　漢堡的價格彈性曲線(根據麥當勞的推斷)

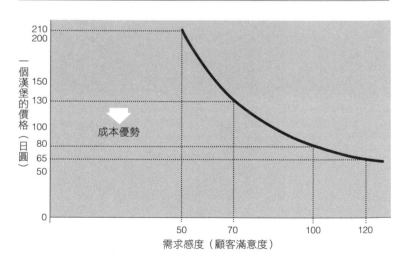

出處:日經流通新聞(1998年7月16日)

價格下降的話，競爭力就提高，營業額上升。麥當勞的案例如同在4.5節「附加價值分析」中所介紹過的，以維持價值不變而極力降低原材料成本，實現低廉價格。

但是，也有像修理鞋子的服務業，即使價格降低也不見顧客數變化，反而讓利益減少的例子（**圖5-16**）。追究其原因，是由於對顧客而言的價格（成本）雖然降低了，但同時對顧客而言的價值（value）也下降了。像這樣只看價格彈性就冒然折價，也是風險很大。需要考慮各個行業的性質或企業體質，同時注意對顧客而言的價值與收益性的「相關性」，是很重要的。

分析的應用

進行相關性分析時，有時可能會在某一點從正相關轉變為負相關，而呈現逆轉的型態。在此以「趨勢分析」的變化版本介紹「相關性的變化型」。

以營業額（或市佔率）為X軸，營業利益率為Y軸，將業界所有參與競爭的業者都畫入圖中，可描繪出像是「J」的曲線（**圖5-17**），這叫做「J曲線的陷阱」。這顯示出夾在規模龐大的大企業與規模小但利益高的利基型企業之間，位於兩邊都搆不著的中間企業，其收益性趨於低落的傾向。

此時，中間企業被迫進行選擇，看是要乾脆加入廣大市場與大企業競爭，或是要將特定區塊特殊化使其獨特的特性

圖5-16　鞋子修理服務的價格彈性與收益

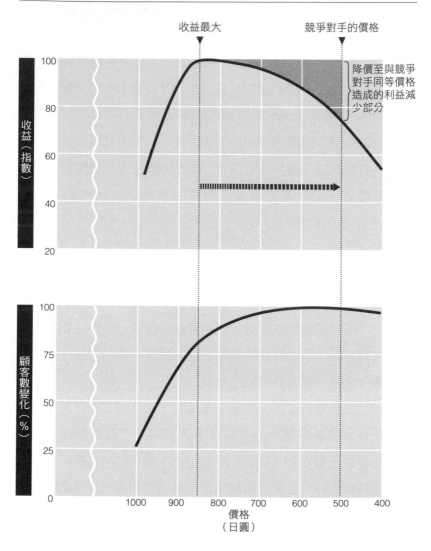

資料來源：使用者訪談、鞋修補事業者訪談、Business Collaboration公司分析

圖5-17　J 曲線的陷阱

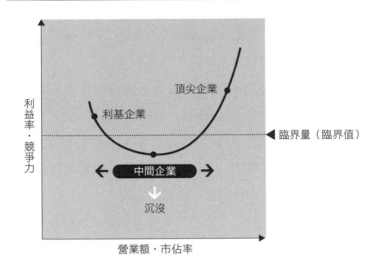

成為賣點。當然，維持在中間位置而收益可以提升的話是再好不過的事。在這個案例的後續課題就是與 Y 軸的營業利益率低落似有相關的「兩邊都搆不著」的案例檢討。

練習｜相關性分析

　　最近你有在各種業界工作的熟人找你商量，希望聽聽你的意見。關於以下各個案例，為了改善績效表現，請各舉出3項你認為與結果具相關性的因素。並請指出其中你認為有因果關係的是哪一個。另外，請思考用於證明所指出的因果關係的調查‧分析方法。

(1)消費金融：使用者正在增加當中。所設定的利率較高，所以期待利益很高。但是延滯繳款情形較多，擔心催收‧回收的成本大於收益。請問應該控管什麼地方才好呢？

(2)行動電話公司：新機種的上市週期汰換越來越快。雖然每次都採用給予量販店通路獎金的方式將售價壓得很低，但仍無法阻止消費者轉買大廠新機種的趨勢。消費者每一人次的收益也是赤字。有沒有辦法讓收益轉虧為盈？

(3)國內航空公司：當初為了與大型業者對抗而加入市場，結果卻是大幅虧損。但盡可能刪除多餘的成本的結果，卻造成乘客數量不穩定。價格已經逼近成本價所以不能再降了。請問有沒有改善搭乘率的方法？雖然最近也有考慮是不是應該把公司賣掉算了。

(4)貨運公司：到目前為止一直致力於建構全國的貨運網。但現在感覺貨車與隨車人員似乎有些過多。刪除固定費用並提升營運效率似乎是關鍵。

5.4 市佔率分析

藉由邏輯與定量化的連動，深入了解結構

所知內容

當你面對「市場佔有率很低」的問題時，你要如何將該原因結構化呢？你是不是會以感覺為基礎，說一些像是「那個地區競爭很激烈」之類的理由就打發了呢？這麼一來，將會不知道針對什麼內容應該採取什麼方法，退一步說，也不會知道市佔率如何能夠提升，或者有幾成把握能夠提升。

現在介紹的分析法，是將市佔率分解為 2 個要素：① 相對於整個市場，自家公司的「涵蓋率」，② 包含與競爭對手對戰時的商品及營業力的「勝出率」，以期能夠了解其中的機制。但是並不限定於此處介紹的「市佔率分析」，而是要養成習慣，用心去挖掘各種數字背後的結構或機制。這點在這樣的分析中尤其重要。

簡單說明「涵蓋率」與「勝出率」。就像洋芋片或家用清潔劑等，無論去哪一家超市或便利商店，包含競爭對手的產品在內，可以直接選購的東西，其涵蓋率可以視為是100%。此時的市佔率可視為是在各家店舖的「店內佔有

率」。也就是說，在店舖內與競爭對手爭奪市佔率的結果所
呈現的店內佔有率，就是勝出率。但是，沒有型錄在手邊就
不能訂貨的郵購，或是針對法人機構進行營業、拜訪銷售的
情況，需要將市佔率分解成顧客涵蓋率與針對顧客與競爭對
手對戰時的勝出率，才能夠深入挖掘其結構。

分析的類型

以郵購的例子來說明就更清楚了（**圖5-18**）。在這個案
例中，自家公司的市佔率為32%，競爭對手的市佔率為
68%。而自家公司的市場涵蓋率為50%，競爭對手為90%。
因此，競爭對手所未涵蓋到的10%可說是在毫無競爭的情形

圖5-18 市佔率分析的想法

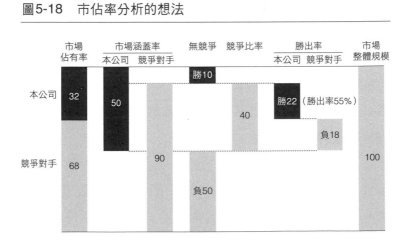

下由自家公司獲得。其次，與競爭對手對戰的市場為
50+90−100=40（％），其中自家公司的市佔率為32−10=22
（％）。將這個換算為勝出率，也就是與競爭對手正面迎戰時
的勝出率為22 ÷ 40 × 100% = 55%，也就是交手100次中有
55次可由自家公司獲勝。

　　那麼，若自家公司希望再提升市佔率的話，該怎麼做？
假設設定的目標是將市佔率提升至50%。此時，涵蓋率固定
的話則勝出率為100%，也就是說必須將商品力與營業力提
高到全勝的程度。相反地，若勝出率固定而要提升涵蓋率的
話，只要提升到83%就可以了。只要針對以往遺漏的顧客加
強的話，涵蓋率馬上就可以達成目標了。因此，在這個案例
中，只要將提升涵蓋率設定為優先課題即可（圖5-19）。

　　圖5-20顯示某租賃公司的案例。採區域制的P公司，其
市佔率基本上構築於佔領了多少家在區域內的企業（涵蓋率）
與各企業別的導入台數（勝出率）。將上述資料製成圖表，
應該就可以明瞭各個營業處應該將主力放在涵蓋率、還是勝

圖5-19　市佔率分析：用於達成市佔率50%的目標設定

目的	情況		
將自家公司的市佔率從32%提升至50%	提升勝出率（涵蓋率固定）	10+(x×40)=50 所以x=1.00	→ 勝出率要達到100%不符現實
	提升涵蓋率（勝出率固定）	10+0.55×(y−10)=50 所以y=83	→ 涵蓋率從50%提升至83%是可能的

圖5-20　P公司營業上的課題

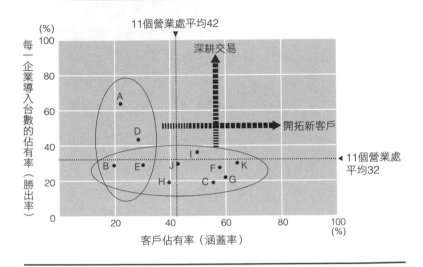

出率上來加強。從圖中可看出，A營業處很明顯可以用開拓新客戶來提升涵蓋率，而K營業處則可藉由增加每一個企業的導入台數，來提升企業內佔有率的勝出率。

　　以上所述是直接銷售的情況，也就是市場＝最終消費者，但是在透過通路的業務模式中，也可以想成市場＝通路。某住宅設備機器廠商的產品在新建獨棟住宅或新建大廈動工時，需要進行架設機器設備的工程，除了部分建商之外，幾乎都是透過所謂工程店的通路在進行。各家廠商施工方法各不相同，所以工程店容易傾向多處理一些自己所習慣的商品，也就是說，以圖示呈現可知，該住宅設備機器市場＝工程店。**圖5-21**顯示住宅設備機器廠商A公司的地區別

圖5-21　A 公司的工程店路徑的佔有率分析

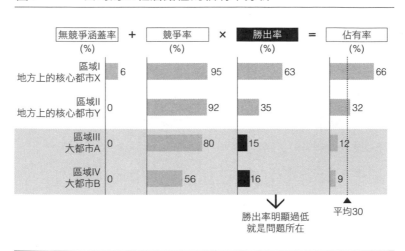

佔有率，可解讀出在區域 III 、IV 屬高消費的大都市內的工程店中的勝出率，也就是店內佔有率過低，為其瓶頸。

分析的應用

接下來要對於表象的數字更深入挖掘，以結構來掌握問題發生的機制，介紹一些應用案例。該案例是某大型廠商B公司的人事策略。B 公司一直致力於錄用有經驗的人才，在評估錄用的績效表現時，向來只看以錄用人數除以招募人數的「中途錄用率」這個指標。但優秀人才的爭奪戰伴隨著業界重整而更激烈化，錄用率低迷加上人事部長丟出「再多錄用一些人，給我提升錄用率」的重話，讓現場的錄用負責人

員不知道如何是好,非常煩惱。

　　原因在於這個管理指標,錄用人數、招募人數這些都是以自家公司觀點蒐集的數字所構成的。在此完全沒有顯示出錄用者本身的動向,所以即使比率下降也束手無策那是當然的。因此,為了能更清楚突顯錄用過程中的問題點,加入了應徵人數與合格人數這些概念,試著更深入挖掘該指標(**圖5-22**)。結果可知合格率幾乎固定,但應徵率卻明顯下滑。如果篩選考試進行得恰當的話,除非讓應徵人數增加,否則無法改善狀況。但是,B公司卻將所有工作丟給人力公司或只是四處刊登人才招募廣告,而不努力去主動接觸潛力市

圖5-22　中途錄用率的結構分解

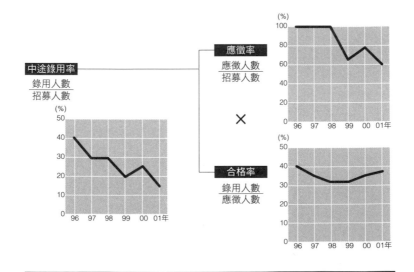

場，去積極宣傳自家公司的優點所在。

　　像這樣設定未與市場連動的「自我欺瞞」式指標，浪費龐大人力針對該指標蒐集資料或進行目標管理，這種公司相當多。沒有用的工作馬上可以停止的話當然好，但如果做不到的話，至少要更深入挖掘，讓問題明朗化，希望能改善為朝向連結於下一個行動的指標前進。

練習｜市佔率分析

　　Q公司經營美體塑身沙龍，在全國各地都有展店。尤其因使用脫毛・瘦身方面相關先進技術，可在短期內達成肉眼可見的效果，加上細緻的服務深獲好評，所以成長快速。然而，最近依店鋪不同可以發現績效上有所差異的情況。但是，目前尚未掌握具體原因。

　　你被Q公司的社長任命為擔任改善店鋪效率計畫的領導人。第一項工作就是製作架構準則，以用於衡量店鋪間的差異。請用以下的資訊為基礎回答問題。

【背景資料】

• Q公司透過TV・雜誌廣告及傳單宣傳免費體驗。首先，讓民眾體驗Q公司的技術與服務，以及透過檢查體驗者的現狀，進行「諮商」，諮商內容則是分別介紹符合個人的商品，推薦體驗者購買10次的使用券。

• Q公司使用「契約成交率」做為店鋪效率的指標。成交率的計算是以使用券的銷售金額除以諮商次數。

【問題】

1. 為了明瞭各個店鋪的課題所在，請將「成交率」進一步分解成2個指標。

2. 下表為主要5家店的資料。請將下表中的資料套入問題1中你所設定的指標，並請指出各店的課題。

	A	B	C	D	E
銷售金額（萬日圓／月）	3500	6600	4800	2600	1800
諮商次數	25	38	58	32	20
來店率	80%	76%	77%	82%	83%
解約率	10%	7%	9%	10%	5%
契約成交人數	34	47	49	21	20
等待時間（分）	15	28	9	12	21

第 **6** 章

設定「重要性」，
將問題設定優先順序

進行「重要性」的設定，
可以將有限資源以最具效率、效果的方式運用，
故可評估‧決定應該聚焦於哪個問題或解決方案。

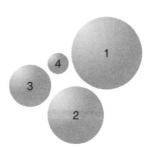

藉由抵定「擴展」與「深度」，就可以明確釐清該解決的問題的全貌與結構。但是，雖說是「該解決的問題」，但也無法全部同時解決。因為用於解決所需的經營資源包含人力、物力、金錢以及時間都很有限。也因此，問題的重要性如何，是否有急迫性，或者是單獨的問題還是好幾個問題牽扯在一起的複合性問題，必須設定問題的「重要性」，選擇取捨該處理的問題。

總之，設定「重要性」就是將策略上該分配重點資源的問題加以明確化。

即使處理的課題明確，而且乍看之下似乎也已設定了先後順序，仍然有問題遲遲無法解決的時候。尤其是橫跨多個部門，無法將問題共有化到具體程度的時候，尤其如此。問題可分為以一個部門單獨可以解決的問題、整體的問題、或是跨部門的問題等等。

而且即使以為已經抵定「擴展」與「深度」，並設定了「重要性」，卻仍存在因為在組織中的立場（Position）不同而問題的處理方式產生差異的情形。光就「重要性」來說，也可能對A區塊而言的「重要性」與在B區塊中的「重要性」不同的情況。還有，是企業層級要處理的問題還是部門層級要處理的問題，因為各自觀點的高度不同而做法也相異。將「問題」以具體程度共有時，並不是單純針對問題的有無，而是包含該問題所擁有的意涵，以及「重要性」等等全都達到共有化，這是很重要的。

　　因為立場不同而時常發生無法共有化的現象，可舉出例如討論「市佔率降低，問題出在哪裏」時，業務部門說「因為商品力太弱」，而商品研發部門主張「因為業務力太弱」的情形。在未抵定該課題的「深度」的情況下，時常可見相互以各自的立場主張，只就表面上的數字進行爭論。這樣永遠都沒有交集。如果是商品的問題就要找出問題在哪裏，如果是業務的問題也要找出問題在哪裏，而且必須設定「重要性」，確認哪一方是比較重要的問題，否則不可能改善市佔率的。

　　一旦進入設定「問題」的「重要性」的階段，那些因立場不同所造成的差異以及認知上的差異，可能會再度浮上檯面，但此時只要回到「問題發現的4P」，對照到具體的評估軸就可以了。無論如何，在所謂「重要性」的設定上未達成共有化的時候就直接進入解決方案，很明顯一定會在某個地方卡住。

　　商業上要設定先後順序，也就是需要設定「重要性」的理由，歸納為以下3個重點：

(1)企業的組織像是部門或階層等，因為所處的位置不同，對問題的看法、重要性也大不相同。因此，只要未特定出該聚焦的問題，即使相同的題目，也可能因為問題點不同，而把解決方案的方向性也分散掉了。

(2)企業抱持的問題只有單一問題的案例少之又少,大多
數的時候,問題都是分歧成多個方向的。

(3)為了解決所有的問題而將資源與時間分散的話,會降
低每一個解決方案的水準,結果半途而廢。想到競爭
對手的存在以及對顧客要有十足的吸引力,如果沒有
超越某個臨界量(critical mass)根本無法產生影響
力。

　　總而言之,商業上處理的問題首先可以說沒有單一個的
問題。掌握「擴展」與「深度」可以將問題具體化,但越是
具體化,就包含越細微的部分,而使問題從多方面湧現。當
然,就是因為要解決問題才會花資源與時間來做,所以選擇
最有效率、效果且最具影響力的課題是很重要的。而那正是
需要對問題設定「重要性」。

6.1 感度分析

評估影響因素對結果造成的振幅，對問題設定「重要性」

所知內容

　　所謂「感度分析」是以某影響因素（變數）為原因對結果造成影響時，分析該影響因素的振幅改變結果的程度，也就是分析所謂的感度（sensitivity）。也就是說，分析該原因對於結果的影響程度。

　　例如鞦韆會「搖擺」的結果是由於有人或動力去「搖晃」的原因所造成的。感度分析可以說是分析搖晃鞦韆的力道大小，會改變鞦韆搖擺的程度（影響度‧感度）。當然，影響搖擺方式的影響因素不只是人去搖晃的力量，還有軸承處的油量以及乘坐鞦韆者的體重，以及風的狀況等各因素組合的結果，而產生不同的振幅（**圖6-1**）。因此，必須針對各個影響因素的最小‧最大振幅對於結果造成的影響程度進行感度分析，設定問題的「重要性」。

　　另一方面，藉由分析各種影響因素改變後對結果造成的影響程度，也可以評估哪個影響因素對問題的影響較大。因此，對結果影響最大的影響因素因為具有重要性，便可當作

圖6-1 感度分析的思考方式

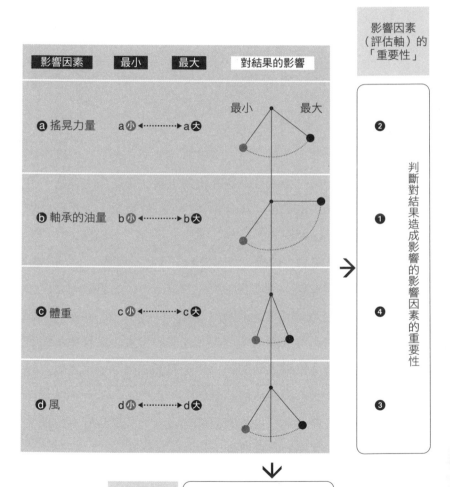

進行判斷的軸。

在商業上，感度分析可以有效用於以下3種情況：

❶ 對於將來可能會產生的外在變動因素，以定量方式
評估其對營業額或利益等所造成的影響或風險。

❷ 判斷‧評估對於結果影響最鉅的因素（＝評估軸）。

❸ 評估策略方案時，針對構成對策的多個因素相互影
響的情況進行分析，其結果可預測營業額及利益。

感度分析可以有助於某影響因素與其所造成的結果之間
成立因果關係，也就是以邏輯釐清因果的機制，而且是在各
個影響因素產生機率或程度不確定的狀況下。

分析的類型

1. 以定量方式評估外在變動因素的變化造成的影響或風險

所謂外在變動因素是指讓農產品或石油等資源的供需平
衡產生變化，而造成價格、成本上的風險的這類因素。例如
匯率變動或天災、戰爭、政治性因素或競爭環境的急遽變化
等。此時重要的是先別說「未來的事誰也不知道」或「分析
得不好可能會造成數字與現實脫節」等這些話，首先要先篩
選出可能具因果關係的因素，針對伴隨各個因素變化的振
幅，試著進行感度分析。例如以身邊的例子來說，購買房子
時的貸款利率該採用固定型還是變動型？由於現在的利率

低，所以乍看之下變動型似乎比較有利，但顧慮到今後通貨膨脹可能性的情況，藉由模擬那些情況的影響程度，有時也有可能選擇固定型比較好。

圖6-2是分析A事業與B事業因為匯率的變動會受到什麼程度的影響。現狀的匯率是1美元＝100日圓，今後若以這個水準繼續下去的話，B事業的收益性會較高。接著，假設匯率變動，試算1美元＝120日圓與80日圓的情況。結果可知，A事業是不容易受匯率變動影響的體質，相對地，B事業在日圓極端走高的時候，收益具有可能變成負數的風險。因此，若沒有匯率變動的話，B事業的報酬率雖高，但利益往正向及負向震盪的變動風險也高。也就是說，管理B

圖6-2　匯率的變化對事業的影響

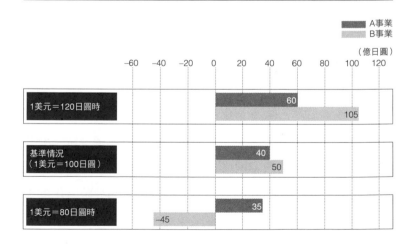

事業時的一個關鍵指標（key indicator），就是「匯率」。

2. 判斷·評估對於結果影響最鉅的因素（＝評估軸）

感度分析用於掌握對結果具有大幅影響的因素（評估軸）也很有效。先設立幾個變動因素的假設，再試著計算振幅。例如，試想X公司的價格、變動費用、銷售量及固定費用分別各改善1%，則營業利益大概會增加多少（**圖6-3**）。可以得知價格變動對利益的感度極高，僅提升1%的價格就會改善營業利益11%。另一方面，增加銷售量的感度只停在4%。雖然許多企業高層都以為要改善利益，提升營業額是最有效的方法，其實並不一定。相反地，假設現在為達成眼前的銷售目標而冒然採用低價策略，但若消費者對該公司提供的商品價值與價格兩方面的感度都不高的話，從利益的觀

圖6-3 對X公司營業利益的影響

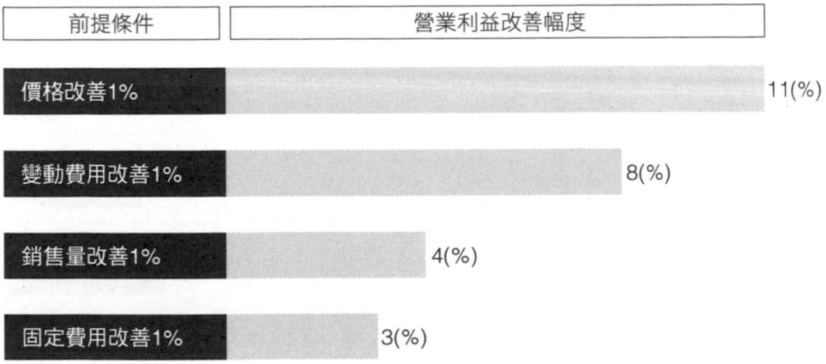

前提條件	營業利益改善幅度
價格改善1%	11(%)
變動費用改善1%	8(%)
銷售量改善1%	4(%)
固定費用改善1%	3(%)

出處：DIAMOND Harvard Business (Dec-Jan, 1993)

點來看，就會完全沒有效果。然而，另一方面，麥當勞以及通話品質高且具備多樣化服務選單而吸引消費者，還採行策略性降價的NTT DoCoMo，都是巧妙的價格管理贏得勝利的成功案例。

感度分析是對於會影響所欲監控之結果的各種因素變動，將其對結果的影響程度定量化，並分析其振幅。所以有助於釐清哪些因素對結果的影響程度較大。藉以看出管理的方向性，知道應該好好控制哪些因素。

3. 評估策略替代案與改善案

這是上述1與2的混合。也就是說，列出幾個含有前提條件的策略替代案，並模擬其結果的營業額、利益、乃至事業價值會如何變化。圖6-4是模擬C公司的事業價值，針對

圖6-4　C公司的各變動因素的下跌風險

變動因素	基準情況的前提條件	悲觀的局面	對事業價值的影響
			(%)
營業額成長率	年平均成長10%	年平均成長8%	−12
營業利益率	暫時維持現狀（7%），但5年後為10%	維持7%的水準	−30
設備投資	10年內資產效率改善25%	維持現狀的有形固定資產週轉率的水準	−35

基準情況1800億日圓

基準情況與悲觀情況進行比較的結果。從中可以看出基準情
況的事業價值為1800億日圓，但是營業利益率與設備投資
效率若不能按照所規畫的腳本去改善，事業價值會降低30
～35%之多，恐將大幅影響股價。

　　另外，感度分析也可用於投資判斷。某電子機器廠商D
公司藉由感度分析看出投資的時機將大幅影響事業價值成為
變動因素，而將預定提前，一舉進行大規模投資（**圖6-5**）。
在產品壽命週期短暫的電子機器業界，加入速度決定成敗。
D公司以定量檢驗並將此判斷連結至最終的決策。

圖6-5　D公司的投資與事業價值

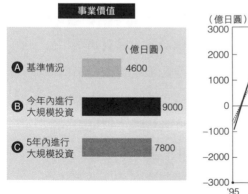
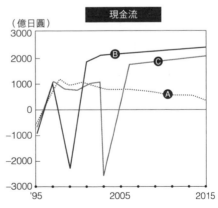

分析的應用

要利用感度分析推導出「感度高」的結果,要有所根據去設定變動因素的振幅是很重要的。有的例子是存貨週轉率、固定費用一律以5%震盪,但隨著因素的不同,也有的因素振幅不到1%,也有因為訂單而達到10%以上的振幅等,各式各樣的情形。在此介紹使用80%振幅的思考方式的「龍捲風(tornado)分析」。

所謂80%的振幅,就是在其之上的機率只有10%,相反地,在其下的機率也只有10%,就是夾在這兩個極端值中間觀察感度。也就是去除掉理論上或現實中不可能產生的各10%的部分後,剩下的80%的機率幅度(100%–10%×2)的意思。然後計算振幅兩極的值分別對應的結果。如圖6-6按照各個變動因素排列基準情況與振幅的值,將對事業價值的影響程度以橫向條狀表示,其結果看起來就像龍捲風的形狀,因而得名。

此時基準情況時的事業價值為150億日圓,但可得知影響最大的因素包括產品價格下跌、10年後的市場規模、以及高峰時的市場佔有率。像這樣,藉由將機率的思考方式放入做為關鍵指標的主要變化因素加以組合,就可以獲得更具可信度的高感度分析。

圖6-6 龍捲風分析的案例

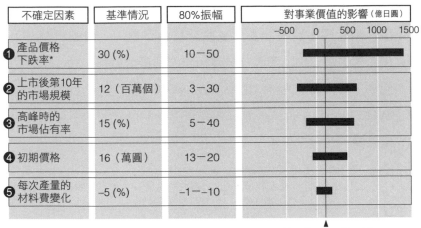

不確定因素	基準情況	80%振幅	對事業價值的影響（億日圓）
❶ 產品價格下跌率*	30 (%)	10—50	
❷ 上市後第10年的市場規模	12（百萬個）	3—30	
❸ 高峰時的市場佔有率	15 (%)	5—40	
❹ 初期價格	16（萬圓）	13—20	
❺ 每次產量的材料費變化	–5 (%)	–1—–10	

基準情況150億日圓

* CAGR: Compound Annual Growth Rate

出處：籠屋邦夫〈新規事業的決策管理〉（DIAMOND Harvard Business 1992 年7月號）

練習｜感度分析

　　下表為某汽車製造商的資料。請以下表數據為基礎製作損益兩平點的圖表，並請分析固定費用、變動費用、營業額分別改善百分之幾可以達到零收益那一點。另外，營業額中的出口比率假設為**40%**，對美元的匯率為110日圓時，也請計算日圓貶值多少的話會到達損益兩平點。

	基本數據 （10億日圓）	必須改善幅度 （10億日圓）	必須改善率 （%）
營業利益	–50		
固定費用	1,000		
變動費用	3,000		
營業額	3,950		
損益兩平點			
對美元的匯率	110日圓		

※提示：會受匯率變動影響的只有營業額而已，所以應該思考佔營業額40%的出口部分變動多少的話，赤字就會上升。

參考

損益兩平點（BEP）

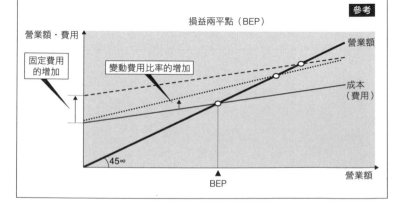

6.2 柏拉圖分析（80-20法則）
根據貢獻度，該如何進行差異化處理

所知內容

以義大利經濟學者柏拉圖（Vilfredo Pareto, 1848-1923）為名的分析方法，主要是觀察對整體結果貢獻度高的要素的集中度與其偏向。根據經驗法則得知，80%的產出是來自於20%的投入要素，這就是有名的「80-20法則」。

例如在經濟學有所謂「財富分配不均」，以柏拉圖分析可以證明。也就是全世界資產的80%集中於20%的人手上這項事實，是柏拉圖對於工業革命時的英國進行研究所發現的，而這個傾向在今天仍然不變（圖6-7）。另外一個例子是，佔全球人口約16%的各先進國家，使用了60%以上的能源（圖6-8）。

對商業經營來說，資源或利潤集中或偏向於特定部分，表示資源分配上不夠有效率，但是在商業上也很難說以平均化為目標就等於是「應有的景象」。

圖6-7　柏拉圖分析：以人口比例觀察資產淨值的集中度（美國）

(%, 1997)

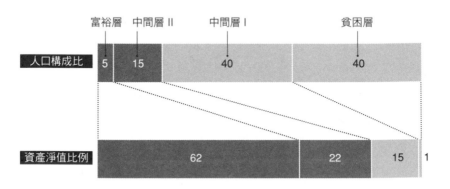

出處：E. Wolf, "Recent Trends in Wealth Ownership" (1998)

圖6-8　全球人口與能源消耗量

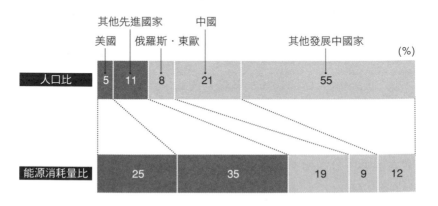

出處：世界銀行；國際能源組織

分析的類型

在經營資源的投入（input）與產出（output）上很容易產生集中的現象。因此柏拉圖分析對於所投入資源的生產力，以及所產出商品的貢獻度、顧客對收益的貢獻度等等的分析，是很有效的工具。

1. 觀察所投入資源的生產力

要從有限的資源獲得最大的成果，當然，提高生產力是必要的。但是現實卻如**圖6-9**，營業員的表現時常出現差異，結果往往是，對營業額或利益有貢獻的只佔全體營業員的20% 左右。因此，討論的重點在於應該想辦法讓業績中等～不佳的營業員提升呢，還是應該讓業績良好的營業員更進一步成為超級營業員。

圖6-9　營業員的人數與對毛利的貢獻度

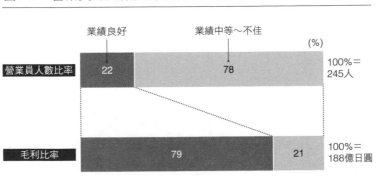

必須先評估哪一邊的資源效率較高，根據兩邊對於投入的資源的感度高低來做決定，這樣比較合理。

2. 觀察商品項目的營業額、收益貢獻度

有些案例是即使擁有眾多商品的公司，對收益（利益）有貢獻的也只是其中一部分商品而已。**圖6-10**顯示某家具製造商的桌子營業額的集中度。有些是固定型式的家具，也有因應通路客戶的期望而製造的訂製家具。製造商以「應客戶要求」的理由逐漸增加訂製家具，但是訂製不但花時間，產量也不會成長，造成對收益沒有貢獻的結果。

圖6-11顯示德國機械製造商之中優良企業與一般平均

圖6-10　桌子的品項數與營業額集中度

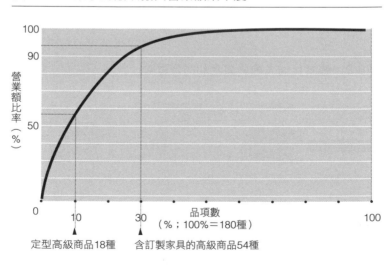

圖6-11　德國機械製造商的品項數與營業額

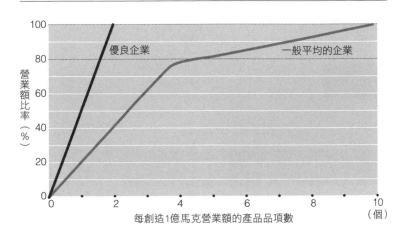

優良企業

一般平均的企業

營
業
額
比
率
（
％
）

100

80

60

40

20

0

0　　　　2　　　　4　　　　6　　　　8　　　　10

每創造1億馬克營業額的產品品項數　　　　　　（個）

出處：The Mckinsey Quarterly (1994.9)

企業的比較結果。從圖中也可以看出，優良企業以備齊有限的商品一較高下，它們以一般平均企業20%的產品品項數就達到相同水準的營業額。但是，優良企業也不是說完全沒有對應訂製的部分。傾聽顧客真正的需求，只在最有影響力的地方對應客製化的態度，與上述家具製造商正好形成對比。

◆柏拉圖分析需要思考設定要素的「重要性」

　　從柏拉圖分析推導得出的一個意義就是，傾向於均等化的資源、商品、營業員以及顧客的處理，應該因應其貢獻度進行「差異化」。使用圖6-12，大家一起來思考一下。這個圖所顯示的意義可以包括以下3點：

圖6-12　柏拉圖分析的基本思維

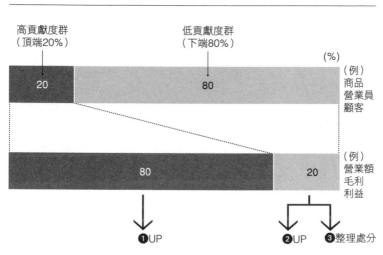

① 對高貢獻度群的維持：對於貢獻度高的商品或顧客
投入更多資源，提高生產力或滿意度。

② 對低貢獻度群的改善：必須把現在雖然貢獻度低，
但未來具有潛力的商品或顧客找出來，然後投入資
源，改善收益性。

③ 對低貢獻度群的整理：找出潛力低的商品或顧客並
加以整理。

　①非常清楚。因為是所謂的表現優良者，所以例如是顧
客的話就應該要當成貴賓，提供更為細緻的服務，以保持良
好的關係，維持住顧客的滿意度，不要讓競爭對手搶走。

②　從擴展高貢獻度群的邊緣地帶的意義來看，是非常重要的一群，但執行上需要下工夫。必須先分析現狀，看看為什麼他們處於低貢獻度的狀態，並預測之後投入多少資源的話，表現會變好的可能性。重要的是加強蒐集資訊，訂立改善目標並加以監控，以固定期間內的達成度進行判斷。

更需要注意的是③，理論上「不划算→切斷」的想法似乎可以成立，但如果冒然實行的話風險也很大。在爽快地大刀一揮斬斷關係之前，需要針對其構成要素的每一項，進行以下的個別判斷：

1) 用毛利以外的指標來觀察的話，結果會如何？
2) 過去的動向如何，或者今後會如何？
3) 例如就像商品線一樣，即使包含低貢獻度群，但與高貢獻度群的商品並列時是否會產生相乘效果？

即使在毛利上沒有貢獻的顧客，但由於人際關係網絡廣闊，說不定也會介紹高毛利顧客前來。

分析的應用

1. 思考組織的「整體性」──螞蟻的組織

圖6-13是長年觀察某化妝品大盤商營業員生產力的結果。該公司雖然於1995年將不賺錢的營業員裁掉約30%，但5年後仍然有利益貢獻者很集中的情況。在此浮現的疑問

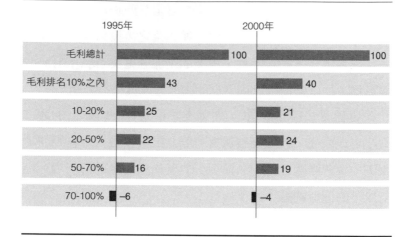

圖6-13　營業員的生產力變化　　　　　　　　(1995~2000; %)

1995年　　　　　　　2000年

	1995年	2000年
毛利總計	100	100
毛利排名10%之內	43	40
10-20%	25	21
20-50%	22	24
50-70%	16	19
70-100%	−6	−4

是，難道沒有一個組織其全部人員的表現都很平均嗎？

　　就如生物學常引用的案例，據說在螞蟻的組織構成中，所謂表現優良者的「工蟻」只佔整體的20%，然後50%只是有時候工作，剩下的30%是完全不工作的表現低劣者。某研究員將表現低劣者去除之後，觀察組織會如何變化。結果，剩下的70%螞蟻中的30%果然呈現出表現低劣化的情形。

　　相信各位都有遇到過雖然營業額不是那麼高，卻很擅長指導新人或企畫促銷活動的人，或者總覺得只要跟他一起工作就會讓氣氛融洽的人。那雖然不能數值化，但對組織而言，有些人是可達成某種「功效」的。將組織視為一個整體，仔細觀察誰在哪裏發揮了什麼樣的功效，再決定處理方式是非常重要的。但是，如果有人只會發揮扯優良表現者後

腿「功效」的話，就不得不將他處理掉了。

2. 建立多個評估軸──長銷對暢銷

　　如果只看營業額的集中度，可能會做出錯誤的判斷。圖6-14 顯示美國國內某書店的案例。一般很容易以為對書店利益貢獻最大的是最暢銷的書，但這其實是錯的。在營業額方面或許這個想法可以適用，但以利益（利潤）面來看則只佔25% 左右。套句書店主人的話：「不隨著季節或流行而變化，細水長流地長期都很賣的書才重要。」

3. 80-20 法則不是只有用於分析，也可運用於「思考方式」

　　① 成果的80% 是從投入時間的20% 所產生的

圖6-14　美國國內書店的營業額·利益集中度

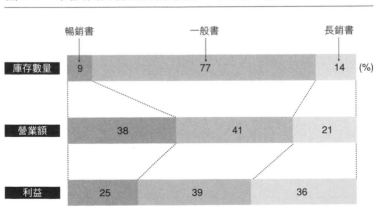

資料來源：Business Collaboration 公司對出版相關人士訪談

② 你所需要知道的資訊的80%集中在所有書或資料的
20%之中

③ 只要集中注意力於問題中最重要的20%就可以解決
80%的問題

因此，若要提高生產力，對於20%最重要的課題要集中
投入80%的勞動時間。也因此，所蒐集厚達1000頁的龐大
資料最多也只要瀏覽其中200頁的份量就好。開會也是一
樣。以2小時的會議來說，其中進行對你而言有用的討論可
能頂多不超過20分鐘，所以，只要集中於那個部分就好。

練習｜柏拉圖分析

　　請舉出至少3個你身邊或商業上符合80-20法則的
事情或現象，並回答以下問題。

1. 如果是可以定量化的事情或現象，請掌握數據加
以分析，確認假說是否正確。對於難以定量化的
事情現象，請與你的同事、家人或朋友討論該假
說的適當性。

2. 關於這些事情或現象，思考其中意義，並請指出
問題點。

6.3 ABC分析

在重要領域中進行優先順序設定

所知內容

　　ABC分析是用於正確進行資源分配，而將重要領域以ABC……排名，明確訂立先後順序。最常用於當成柏拉圖分析中做為商品管理、顧客管理中的一個環節。也就是說，將商品或顧客按照營業額或利益貢獻度的高低進行排名，並對於排名低者加以整理的方法。

　　另外，在營業的區域策略上，也時常用於目標設定與資源分配中的先後順序設定。ABC分析可說就是從單一軸到多個不同的軸進行柏拉圖分析，而排列其優先順序的作業而已。

　　在此除了介紹單一評估軸的排名之外，還加上關於多個軸的評估方法。

分析的類型

1. 以單一評估軸來排序

　　在柏拉圖分析的介紹中也曾提到，營業額、利益這些項目常會有集中在某些特定的商品數或顧客數的傾向。根據此集中度進行排名就是初步的ABC分析。**圖6-15** 顯示出營業額相對於顧客數的集中度，將營業額佔整體60%的顧客評估為A級，61%～70%為B級，71%～80%為C級。根據此等級決定負責的營業員的配置等。

　　在此應該注意的是排名基準的決定方式。若是隨意去決

圖6-15　顧客的ABC分析案例

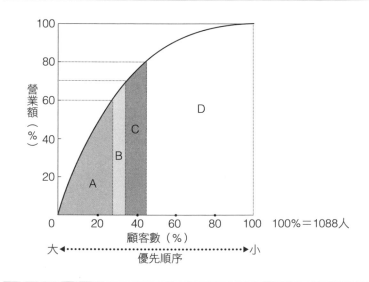

定當然很簡單，但因為是進行適當的資源分配或目標設定的基礎，所以為什麼以60%為適當，而55%及70%不行，箇中理由必須先加以釐清。

2. 以多個評估軸來排序

此方式可有效使用在從更多的層面評估對象，並反映到排名上的情況。但是，使用多個軸的時候，必須讓各個軸是相互獨立的。

① 營業區域的優先順序設定

圖6-16是以市場吸引力與自家公司的顧客獲得率這2個軸，為區域資源的分配設定先後順序的圖。在此雖說是2個軸，但市場吸引力實際上是由個別區域的市場成長率與市場規模這2個要素所構成的，而自家公司顧客獲得率的部分則是由商品對該區域的合適性與競爭程度所構成的。所以嚴格來說是以4個評估軸來做觀察。

由此可知，市場吸引力大且自家顧客獲得率大的區域，成為營業額目標也高的A級。相對地，市場吸引力與顧客獲得率都低的區域就成為C級，資源分配上的先後順序也排在最後。

② 研發專案的優先順序設定

研發工作是很難確定其效益的領域，所以在管理方式上，需要針對各個專案按部就班分別確認其進度狀況及上市

圖6-16　ABC 分析：設定營業區域優先順序的架構

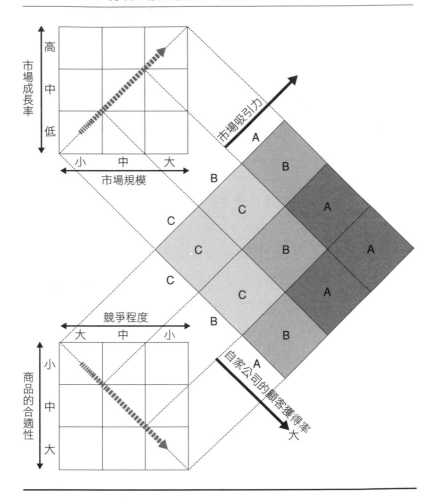

後的經濟效益，再進一步決定要繼續進行（判斷為「GO」），或者停止繼續投資（判斷為「NO GO」）。尤其對於研發專案數量眾多的製藥企業，即時且準確的設定先後順序是很重要的。圖6-17為該業界的其中一個案例。在此取技術・事業的吸引力為Y軸，取自家公司研發成功可能性為X軸，這和①的營業區域優先順序設定的例子一樣，是由多個評估軸構成。也就是說Y軸包含市場吸引力與技術吸引力，X軸包含事業成功可能性與臨床技術成功可能性。

藉由這個架構準則，屬於右上部分的專案判斷為應該最優先進行研發，而左下角的專案則中止研發。又，成功可能

圖6-17 研發專案的先後順序設定

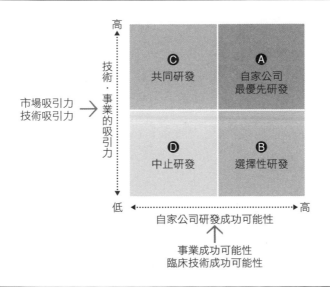

性高但缺乏吸引力的藥劑，將在考量成本的情況下進行選擇性研發，並考量授權給其他公司。然後，左上角的吸引力高但自家公司研發成功可能性低的專案，就可以尋求與其他公司共同研發的可能性。

③ 顧客的優先順序設定

在金融機構，顧客的信用管理是很重要的。針對這個項目，也是利用多個評估軸進行顧客的排名。例如法人顧客的話，就以財務的健全度與事業的成長性2個軸進行判斷。前者的軸大概是以總資本經常利益率、自有資本比率、外部債務依存度等進行綜合性的判斷。而事業的成長性是以市場成長性與競爭優勢、以及營業額成長率等等進行判斷。

如上所述，藉由多個軸的評估，具有越是經過複雜的決策判斷，越可提供縝密的結果的好處。但是另一方面，評估軸太多也會變得複雜，加上每個軸的重要性設定就更加複雜，與數值化的精度成為一體兩面，有可能反而降低評估結果的可信度，所以必須注意。

分析的應用

1. 評估事業組合

在此介紹一些將性質相異的課題或事業加以製圖規畫，用以顯現出各自意涵與所致力領域的ABC分析，也就是用

圖6-18 BCG 事業組合

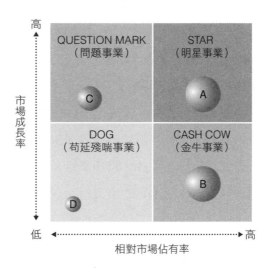

注：球的大小代表事業的營業額規模

矩陣為事業做定位。最古典的應該是「BCG的PPM」＝
「波士頓顧問公司（Boston Consulting Group）的產品組合矩
陣（Product Portfolio Matrix）」（圖6-18）。那是取相對市場
佔有率為X軸，取市場成長率為Y軸為各事業製圖，並思考
資源分配。例如相對市場佔有率高且市場成長率也高的是
「明星事業」，所以不可吝於投入資源。而相對市場佔有率高
但市場成長率低的事業是「金牛事業」，因為已屬於產品成
熟期，所以金牛所產生的現金最好轉投入未來成長看好的
「問題事業」。

　　雖然這個矩陣很容易了解，但實際上使用的企業卻常常反映「軸太過單純而有誤判的疑慮」。因此，將精度提升到更高層級的就是GE（奇異電器）的事業組合矩陣（business portfolio matrix），又稱為麥肯錫矩陣。GE在業界經常將經營資源集中於「第1或第2名事業」，以自家公司強項與業界吸引力的2個軸來規畫事業，以決定該保護的部分，對成長方面該投資的部分，以及該割捨的等等。乍看之下雖然是很單純的軸，但實際上經過設計，將事業涉及的所有層面都納入考慮。**圖6-19**所示正是GE的事業組合以及評估項目的例子。

2. 創投公司對投資案件的評估

　　創業投資公司（VC）在衡量投資案件時的評估軸屬於各自的關鍵技術，所以不會公開，但一般都會利用5個評估軸。

　　首先以待評估市場的規模‧成長率，以及初期投資所需要額度的這2個條件為最基本的門檻。也就是說，今後5～10年內即使市場規模有成長，但達不到500億日圓的事業，以及初期投資超過50億日圓的案件，除非有相當的理由，否則就歸入D級，成為捨棄的對象。市場規模‧成長率會受到重視是因為只要市場快速成長，即使經營團隊某種程度上技術不足，或沒有競爭上的差異化因素做為基礎，但只要事業順利展開，可以「想辦法圓滿收場」的可能性就很高。關

圖6-19　GE 的事業組合與評估基準案例

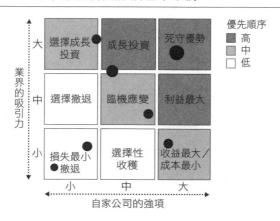

	評估基準	指標
業界的吸引力	❶市場規模	•3年平均的業界規模（美元價格）
	❷市場成長率	•10年內的實質年平均成長率
	❸產業的收益性	•事業單位及3大競爭對手的3年平均營業利益率（ROS）：分名目、實質（經通貨膨脹調整）
	❹循環性	•來自營業額傾向值的年平均率
	❺對於通貨膨脹的對應	•相對於價格變化率與生產變化率總和的通貨膨脹所引發的成本變化率的5年平均值
	❻非美國市場的重要性	•在全球市場的佔有率的10年平均值
自家公司的強項	❶市場地位	•市場獨佔率（全市場）的3年平均值 •市場佔有率的3年平均值 •相對的市場佔有率（策略事業單位對3大競爭對手）的2年平均值
	❷競爭地位	在以下幾個項目中較競爭對手優秀、同等或低劣 •品質 •技術上的領先 •製造／成本的領先 •流通／行銷的領先
	❸相對收益率	•3年內事業單位的營業額 •利益率為負數的平均營業額 •利益率（對3大競爭對手平均）：分名目、實質

出處：伊丹敬之、加護野忠男《講座經營學入門》日本經濟新聞社，1993 年

於初期投資，一般認為一面對照事業計畫，再階段性地逐漸增加投資額的方式才是明智之舉。

　　初步確立捨棄門檻後，就可以進入將剩下的3個軸以ABC進行排名的階段。第1個軸是評估商業模式（business model）本身的策略性價值。其中包含企業願景、對做為策略基礎的3C（市場、競爭對手、自家公司）的掌握、是否具有可形成差異化的核心能力，以及收益性。第2個軸是用於實現這種商業模式所不可欠缺的商業企畫的具體性‧實現可能性，尤其讓事業繼續運作下去的商業系統、用於開啟商業版圖確立競爭優勢的主要趨力、以及與數值目標的相關性，都是確認的重點。然後，第3個軸——也是最重要的一項——是創投企業經營團隊的管理能力。

　　對於剛起步階段的企業要求這些條件也許算是嚴苛，但創投公司跟銀行不同，對於預感到「這就對了」的案件，為了改善問題點，也會不惜投入大筆支援。一開始也許歸類為C級，但有企圖心的話，創投公司會給機會，這也是創投事業中ABC評估的優點。

練習｜ABC 分析

零件製造商 D 公司約製造了 3000 種零件。其中有 10 種零件發現為不良品而加以回收。下表為這些零件一批次中的不良率。該公司根據 ABC 分析，將不良品產生數佔全數 70% 的零件分類為 A 級，71～90% 的零件為 B 級，高過 90% 的分類為 C 級，預定進行不良率改善計畫。請指出每個零件分屬哪個等級。

另外，每一批次的零件數為 1 萬個，此次回收的批次數為全部零件各 10 批次。

品號	平均每一批次的不良率(%)	品號	平均每一批次的不良率(%)
NX-1	9.7	BA-34	12.0
NX-6	3.6	BA-62	9.1
NX-18	13.5	TP-2	6.0
BM-69	7.2	TP-18	18.2
BM-79	8.1	TP-55	6.8

6.4 尖峰分析

商業活動應該集中化還是平均化

所知內容

隨著季節或時間不同,需求會產生尖峰、離峰的落差,對於在有限的資源範圍內活動的供應端而言,是非常無效率的。尤其當尖峰的需求量大幅超出可供應量時,供應端的作業不僅是混亂而已還會崩潰,甚至因為缺貨的關係而損失許多機會。典型的案例就是銀行的櫃台或綜合醫院的等待室、首都高速公路的塞車之類的尖峰時間「大排長龍」。

但是從需求端的立場來看,原本就是因為活動自然而然地集中在某一段時間,才會產生尖峰,若光是以供應端的邏輯想要強加控制的話,可能會造成錯誤的問題解決方向。

尖峰分析是以時間軸觀察量的變化,尤其著眼於尖峰的峰高部分,檢討應該將資源集中在哪裏,所以是趨勢分析與柏拉圖分析的變化型。分析的重點在於必須先深入了解供應端及需求端雙方的結構,再判斷該是集中投入於尖峰的峰高,將波峰更往上拉升,還是該分散、平均化尖峰的峰高(圖6-20)。

圖6-20 尖峰管理的基本思維

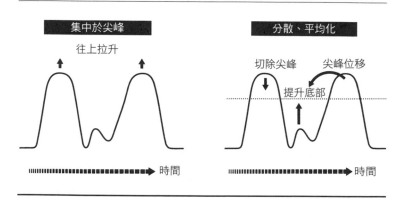

分析的類型

在此介紹並說明2種情況。

❶ 應該集中資源於尖峰的情況

❷ 應該分散、平均化尖峰的情況

1. 集中資源於尖峰時

① 彈性對應以防止遺漏

圖6-21是顯示某家零售店一天的業務量變化。該店面位於辦公大樓林立的街道上，一開始是不管任何時段都配置固定的店員人數。平日的上午幾乎沒有顧客，店員閒得發慌，但中午時段開始顧客增多，超過店員工作負荷量時就產生等待的情況。這時候，如果各個時段的業務模式固定的

圖6-21　零售店一天業務量變化的案例（累計業務量）

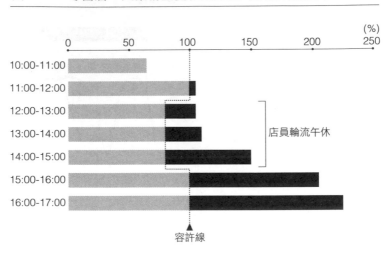

資料來源：Business Collaboration 公司分析

話，可以配合時段，彈性地改變店員配置。也就是說在尖峰時段配置較多的店員人數，在離峰時段減少店員人數。

　　速食店或加油站也可能會因為營業時間的設定不佳，而造成顧客光顧的尖峰時段已經關店的機會損失（圖6-22）。此時，以營業時間配合尖峰時段的方式，就可以防止機會的損失。

　　在尖峰分析中，重要的是不要因為會產生尖峰時間，就硬是想要誘導顧客到其他時段，或是突發奇想就冒然增加人員或增加自動化設備。尤其在營運上，業務集中於某時段看起來雖然很忙碌，但其實整體的業務量未必有增加。很多時

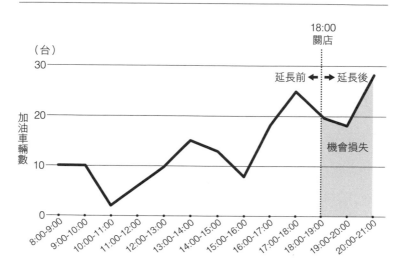

圖6-22　加油站時段別的加油車輛數（非假日平均）

資料來源：Business Collaboration 公司分析

候真正的問題在於供應端的職務分配或業務流程設計不夠完善，所以只是業務處理效率太差而已。

因此，即使熟知作業的現場人員要求「業務太多了很辛苦，希望增加人手」，也不可以囫圇吞棗地照做，而要先仔細觀察分析業務的實際狀態，區分究竟真正「糟糕的地方」在哪裏，是很重要的。

② 配合需求週期，有效出擊

隨著事業的不同，有些季節性的集中度較高。典型的例子就像便利商店（CVS）中加熱、加濕販賣的肉包或關東煮

市場。這些商品營業額的70%～90%集中於秋天到初春的約
半年之內。大部分的製造商會希望在淡季也能提升營業額，
而將在旺季開始時會推出的促銷特賣活動提前開辦，或是提
早推出迎合消費者口味而主打的新產品等，盡各種努力希望
能盡早開始吸引消費者的注意力，並延長消費者有興趣的時
間。相對地，冰淇淋在這一點上，可以說是成功地將夏季商
品分散尖峰而成為整年商品的商品群。例如在聖誕節推出冰
淇淋蛋糕，或宣傳在溫暖的室內吃冰淇淋的畫面，甚至配合
季節用心將商品做一些變化等，以至於在冬天冰淇淋也成為
暢銷商品。當然，冬天的營業額還差夏天一大截，但像這樣
喚起消費者的需求而分散尖峰的市場，也是有可能實現。

　　但是，並不是任何產品或在任何市場都可以適用。看著
圖表思考自家公司的資源效率時，想要去拉抬峰谷底部是人
之常情。但是要注意的是，正是因為消費者活動最活躍的時
期才會造成尖峰的峰高，絕對不是毫無理由就發生的。若只
是憑感覺隨便舉辦促銷活動，是否可以達成提升峰谷底部的
目的，該怎麼做才會有效地提升峰谷底部，需要先從顧客的
視點慎重地加以檢討。

　　再介紹一個案例。S公司是將大約10萬名女性銷售員加
以組織化，針對家庭主婦銷售家用生活雜貨的外資企業。以
往每2個月，就是每年會舉辦6次大型的特賣活動。但是在
這個成熟市場中的競爭越來越激烈，營業額的成長問題也越
來越令人苦惱。於是，高層決策者為了提升營業額的峰谷底

部，動不動就舉辦促銷活動，結果，不但看不到提升峰谷底部的效果，連包含原本促銷活動在內的全年營業額與收益也被拖垮而大幅下滑（**圖6-23**）。為什麼會這樣呢？

在成熟的產業，銷售員和消費者都會按照既定的週期來活動。而在成熟產業中推出與平常不同的活動時，將會打亂彼此的節奏，所以無法提升效果。促銷活動原本就是以在短期內提升營業額為目的，訣竅在於配合目標族群的活動週期，加強其暫時性的動機。所以真正有效果的是在原本營業額高的地方更加拉升的尖峰促銷。將這個做法持續實踐的就

圖6-23　S公司的年度銷售狀況

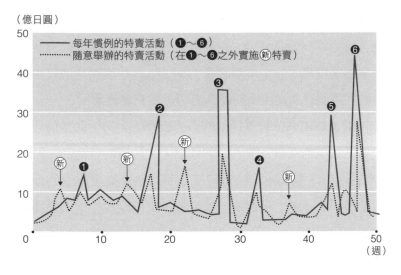

資料來源：Business Collaboration 公司分析

是可口可樂等清涼飲料廠商。因為會增加在超市一次大量採購的是在發薪日前後1週,所以廠商就看好這個時期,設計20～30%的大幅降價促銷活動。

與飲料案例形成對比的S公司未考慮到背景因素,硬要將峰谷的年平均水準往上拉升。錯就錯在未能掌握本質,只設定表面性課題的思維上。

2. 將尖峰分散・平均化

① 以價格、服務的多樣化誘導分散

消費者一定有遇過發生災難時或週末傍晚的時候,手機一時打不通的經驗吧。那是因為使用者從固定區域全部一起想打電話,所以超出尖峰的電波容量所導致的。電話公司一方面增加無線基地台的容量或增加無線基地台的設置,以對應尖峰的峰高問題,另一方面針對通話量及通話時段因應消費者的使用模式設定多種收費方案。這就是使用經濟效果,目的在將消費者從尖峰的峰高誘導分散到離峰時段。

NTT DoCoMo曾經提供的「六日夜」方案,就是用於喚起通話量少的深夜及週六日的通話需求的策略性商品。雖然「平日中午不能利用」的時段規定很特別,以及破盤的通話費率也引起話題,但實際上讓這個方案得以成立的還是獨特的費用分配方法。也就是將所有費用集中在尖峰時段,在離峰時段無論使用多少都便宜得要命,這個思維在理論上是成立的。

　　不只是電話，電力及道路交通政策的公共服務領域，隨著季節或時段的不同，很容易造成使用量的變化。為了將有限的資源穩定且公平地供應，要如何平均化成為各家公司的課題。

② 將峰高向峰谷推移

　　觀察一般護士在綜合醫院內一天的工作就會發現，有2處大型尖峰的峰高。1個是在上班時段，另一個是在加班時段（**圖6-24**）。大部分加班時間是用於製作病人的看診紀錄及寫診療費用請款的傳票這些事務性工作，其中更有70%是用於「回想起」因時間過了而遺忘的必要事情。若要減少加班時間，就必須下功夫，盡量在日常工作的空檔就做好紀錄工作。實際上現在已經在試行各種方式，例如讓護士攜帶

圖6-24　綜合醫院護士一天工作量變化

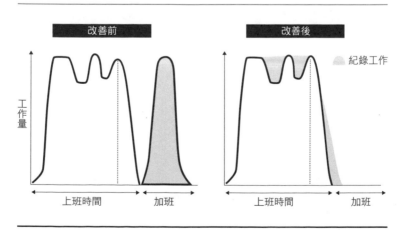

「立可貼」，讓護士將紀錄事項隨時黏貼在護理站的牆上，或讓護士用錄音機錄下來等，希望能少掉其中一個峰高。

分析的應用

這個分析原本是以時間軸上產生的尖峰為對象進行分析，但也可用於管理關於在價位與顧客層所產生的尖峰。最典型的案例是代理商或營業員的獎勵制度。某汽車交易商採用每賣1台車就給予獎勵的制度，但對於無法達成1個月內賣5台的計算基準的營業員將暫不支付獎金（**圖6-25**）。於是所支付獎勵金總額的尖峰就直接位移到計算基準線之後。

圖6-25　獎勵制度的改善

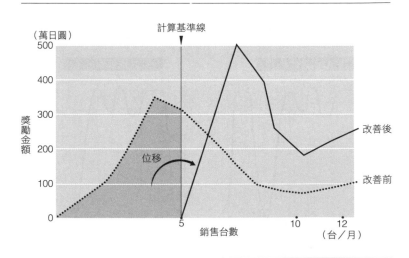

藉此不僅銷售台數多而貢獻度高的營業員可以得到豐厚的獎金，也可誘導未達標準員工更加把勁努力加油。

使用這種尖峰分析的思考方式，可以判斷自家公司的表現應該在哪個水準形成尖峰，或者可以思考該在哪個峰谷進行底部提升等策略性判斷。

練習｜尖峰分析

(1)從自己周遭的日常生活或商業上分別舉出3個發生尖峰現象的案例。分別採用適當的時間軸說明在哪裏如何產生尖峰，並以此假說製作出圖表，指出問題點。

(2)對於各個問題，掌握其背景的結構或機制後，參考尖峰管理的基本思考方式，具體思考解決方案的假說。

6.5 風險期望值分析

在不確定性中進行決策

所知內容

　　商業的世界就是要不斷地做決策。尤其在自由經濟體系，「選擇」被視為具有商業上最大的價值。人生也相同。升學、就業、結婚這些大事件當然不用說，就連每天每個時間人們都面臨「今天午餐吃什麼好」「週末要去哪裏」的選擇，我們無時無刻都在進行某種決策。但是，無論在哪個情況下最令人煩惱的是決策所包含的「帶有不確定性」部分。

　　在全部的事物都以100%的機率發生的確定性世界，一個成為原因的行為必定只產生一個固定的結果，例如，今年大學畢業之後A同學進入B公司就職，那麼必定會產生「A同學進入B公司的話就會成為社長」的結果。但是，現實社會中對未來的展望通常是不確定的。當然A同學成為B公司社長的可能性並不是完全沒有，但可能在升到部長時就到達退休年齡，或者可能被派到子公司去。最慘的情況，也有可能在進入公司的第2年，公司就已經倒閉了。像這樣充滿不確定性的世界中，一個行為存在有產生複數個結果的可能

性。具體而言究竟產生什麼樣的結果，要看當時的「狀況」
而定（**圖6-26**）。人類對於行為還能控制，但狀況卻是不可
能控制的變數。

「決策附帶有不確定性」的意思就是關於左右行為結果
的狀況究竟會變成如何，每個人都沒有100%確實的資訊。
因此，感到不安的決策者會盡可能地蒐集眾多資訊，希望降
低由不確定性所產生的風險。

話雖如此，我們每一天仍然要進行決策。所以許多人會
希望是否可以預測某個行為所可能產生的各種結果的發生機
率。或者是否有什麼有效辦法可避開其中最不希望發生的結

圖6-26　不確定性的世界

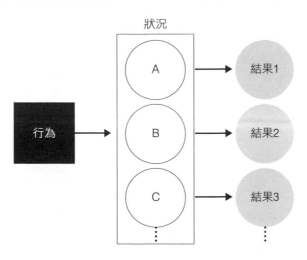

出處：酒井泰弘《風險的經濟學》有斐閣，1996年

果——為了回應這些需求,提供用於決策的某種判斷基準的就是風險期望值分析。

分析的類型

這個分析的對象是在不確定性中所可能發生,包含對當事人而言希望發生或希望不發生的狀況,每一個狀況的發生機率都可以定量化在0到100%之間。在此將這些狀況中希望發生的稱為「期望值」,不希望發生的稱為「風險」。而且,風險期望值的計算方法如圖6-27所示,是所預想的結果與發生機率相乘後的總和。

圖6-27　風險期望值的計算方法

$$風險期望值 (E) = \sum (預想結果(X_i) \times 發生機率(P_i))$$
$$= X_1 \times P_1 + X_2 \times P_2 + \cdots\cdots + X_n \times P_n$$

但$\sum P_i = 1$,機率總和為1(100%)

〈例〉擲骰子的期望值

骰子擲越多次,所得點數的平均值將越接近3.5

$$期望值 E = \sum_{i=1}^{6} X_i \times P_i \quad (1\sim6的發生機率分別為\frac{1}{6})$$
$$= 1 \times \frac{1}{6} + 2 \times \frac{1}{6} + 3 \times \frac{1}{6} + 4 \times \frac{1}{6} + 5 \times \frac{1}{6} + 6 \times \frac{1}{6}$$
$$= 3.5$$

　　風險或期望值通常可分為2種。其中1種是對於其發生是可以控制或避免的，另一種是無法控制或避免的。

1. 控制影響因素以減低風險，或提高期望值

　　一般只要知道產生風險或結果的機制，就可以找出其所由來的影響因素（風險因素或期望因素），並控制其發生即可。在這個範疇內含有用於減低風險的控制以及用於提升期望值的控制的2種類型。

① 用於減低風險的控制

　　以某種疾病為例，一般也是認為只要控制環境因素（風險因素），減輕症狀，就可以抑制發病。一般因生活習慣造成的疾病乃至於成人病，都屬於這類典型的代表。肺癌的風險因素是抽菸，抽菸者的發病風險高達不抽菸者的4倍。另外，慢性疾病以運動不足為主因的有糖尿病、膽結石、高血壓等（圖6-28）。因此有效避免這些疾病的辦法就是禁菸以及養成運動習慣。

　　潛在糖尿病患的話，只要肥胖度改善10%則3年後的糖尿病發病率將從45%降低為20%。相反地，肥胖度增加10%的話，發病率會從45%升高為55%。注意到這些原則的是企業健康保險工會，他們因為醫療費用的增加而陷入虧損，於是與醫院及醫療診療機構合作，以工會會員為對象進行健康指導。

　　同樣地，在製造業現場的不良率或良率管理，也可說是

圖6-28　生活習慣與疾病風險

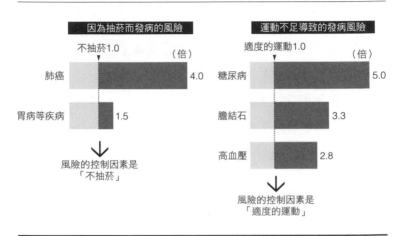

一種對風險因素的控制對策。

② 用於提升期望值的控制（誘導）

在行銷與廣告宣傳的世界中，所謂的環境因素（期望因素）可說就是「消費者隨性的購買欲」了。也就是說必須刺激購買欲，將消費者誘導到商家所希望的購買行動，而此時實際的成功率就稱為「期望值」。

直效行銷（DM）的期望值是以接收者的回應（response）進行評估。這個數字隨著DM的方式不同，而有0.001%到3%不等的結果，差異很大。一般以明信片廣告比較難引發回應，只停留在0.05%左右。那麼，該如何改善呢？在美國以DM方式進行服務的Amex及專售DIY商品的Home Depot等，就具備3項特別的巧思。

第1項是讓DM推展與電視廣告及雜誌等大眾媒體廣告連動，藉以提升顧客對品牌或商品的認知度，第2項是以容易吸引顧客目光的信函或型錄形式，第3項是在多次交易後，以累積到的顧客資訊為基礎，將顧客分類為幾個集群，提供的資訊也分別針對不同的集群。結果，回應率上升到4～10%（**圖6-29**）。同時，顧客會回購，而且每次購買的營業額也有升高，所以通常為1%左右的營業利益率也提升為7～12%。

另外，獎勵制度也是可將人引導至所期望方向的一種強力手段。這是以給予金錢上的報酬為條件操縱對方的行動，所以其必要條件必須是任何人都可以了解並且容易預測的機

圖6-29 直效行銷的期望值改善效果

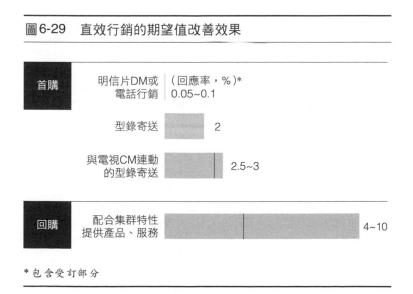

首購	明信片DM或電話行銷	（回應率，%）* 0.05~0.1
	型錄寄送	2
	與電視CM連動的型錄寄送	2.5~3
回購	配合集群特性提供產品、服務	4~10

＊包含受訂部分

制。如果設計得好,可以將期望值拉升到相當高的水準。

2. 取得資訊,規避風險

即使知道風險的發生機率,有時候也很難控制狀況。這種時候,就會變成要麼狠下心來賭個「萬一」,或是小心地選擇規避風險。

現在,假設情況是思考100萬日圓的運用方式。1年後的景氣是轉好還是轉壞,機率分別是50%。資金運用方式包含定期存款、公司債及股票3種方式,問題在於要選哪一個(**圖6-30**)。如果將資金存入利率3%的定期存款,不論景氣如何,1年後都會增加成103萬日圓。相對地,公司債的市場價格會隨著景氣變動,所以景氣好的時候變150萬日圓,不景氣的時候變70萬日圓。至於若投資於市場價格更容易

圖6-30 100萬日圓的運用方式例示

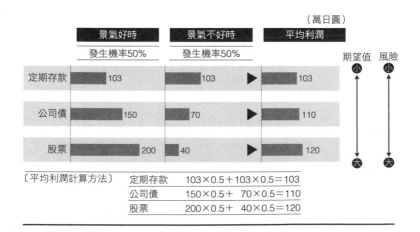

（萬日圓）

	景氣好時 發生機率50%	景氣不好時 發生機率50%	平均利潤
定期存款	103	103	▶ 103
公司債	150	70	▶ 110
股票	200	40	▶ 120

期望值 風險
小 小
↕ ↕
大 大

〔平均利潤計算方法〕
定期存款　103×0.5＋103×0.5＝103
公司債　　150×0.5＋　70×0.5＝110
股票　　　200×0.5＋　40×0.5＝120

波動的股票，結果可能從200萬到40萬日圓在大範圍內變動。

在這種情況下，最單純的回答是計算平均利潤，而選擇股票。原因就在於選擇股票的話，雖然由於景氣關係有可能虧損高達60萬日圓（100萬－40萬），但寧可下注於平均利潤相對較高者。

但是，應該也會有想選擇公司債或定期存款的人吧。因為股票平均獲利即使再高，也有高達50%的機率可能大幅虧損。如果是光靠一己之力就能控制的話當然不在話下，但那是不可能的。所以選擇公司債或定期存款的道理就在於，既然現實如此，希望選擇變動幅度較小的安全運用方式。像這樣，風險的判斷基準不是只有一個。即使透過定量化的資訊顯示「股票比較划算」，但仍然會有人遲疑地說「可是，等一下」。以這個方式進行選擇就稱為「規避風險」。

你的周遭是不是也有無論車禍死亡的機率多高仍繼續開車的人，或是相反地，有不願搭死亡機率很低的飛機的人。這些主觀的意見或情感也都成為決策時的重要「資訊」。

3. 支付風險溢價，做最壞狀況的準備

目前為止所介紹的案例，一般人會想盡辦法想要規避、降低風險。也就是說，在期望值相同的情況下，會盡可能選擇比較確定的選項。例如，某個工作以50%的機率可獲年收入1000萬日圓，50%的機率年收入為0，而另一個工作可確

實拿到年收入500萬日圓的話，一般人應該會毫不猶豫地選擇後者吧。又如果即使後者是480萬日圓，大部分人還是會選擇這個工作吧。因為變動所得的期望值為1000萬×0.5+0×0.5 ＝ 500萬，與確定所得的480萬相差不大（**圖6-31**）。換句話說，變動所得的期望值與確定所得之間相差的20萬，可以說是為了將變動所得「轉變為確定所得」所願意支付的金額。這就稱為「風險溢價」（risk premium）。

例如，1年營業額達1億日圓的銷售員，公司以1000萬日圓的年薪僱用他。或許有人會想，既然他有1億日圓的營業額，如果自己出來做，扣除掉成本，應該也可以賺到5000萬日圓才對的。但是，這位銷售員還是希望領這間公司的薪

圖6-31　風險溢價

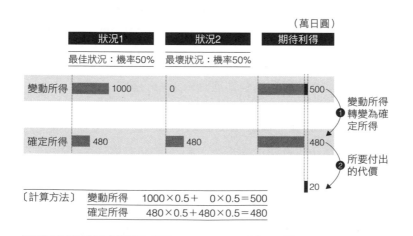

水，為什麼呢？就是因為顧慮到風險溢價。例如顧慮到自立門戶必須從零開始開拓顧客的風險、商品進貨不順利的風險、或者業績不佳而營業額掉到2000萬日圓的風險……，將這些綜合考量之後，平均所得就算低，即使必須負擔一定的風險溢價，還是領公司的薪水比較「安心」。

　　企業在進行策略的決策時，用於使利益或公司股價的期望值與確保績效優良的風險溢價評估是極為重要的。

　　假設某家船公司發生大規模船難意外的機率是10年1次，並設定這家公司的年度利益在沒有意外發生的時候是1000億日圓，如果有意外發生就變成50億日圓。因為意外的發生機率為10%，所以這間公司有90%的機率其利益為1000億日圓，10%的機率其利益為50億日圓。利益的期望值就是1000億×0.9＋50億×0.1＝905億。這時，假設有一間針對船難意外可全額賠償的保險公司。加入保險的話，無論有沒有意外，公司都會得到1000億日圓的利益。問題在於保險費應該是多少？這個案例的風險溢價是：不加入保險時的期望損失95億日圓與保險費的差額。假設如果保險費為100億日圓，這間公司是否應該加入保險？

　　答案是應該加入。原因是只要加入保險，每年確實會損失100億日圓，但不加入的話有10%的機率會損失950億日圓。在不加入保險情況下的期望損失95億日圓，的確比較便宜，但如果運氣不好，發生船難的利益將掉到50億日圓，到時候的打擊將大到具有毀滅性。

　　像這樣養成習慣進行邏輯性判斷的公司，在日本還不多。但經營不是賭博。雖然有些經營者會認為「反正將來的事誰也不知道，只有做了才知道會不會成功」因而果決地下決定，其實那只是內心裏「希望把未來的風險評估為很小」，這實在很不負責。

　　會產生水俣病的原因就是當時新日本氮氣公司的錯誤判斷，這是很寶貴的前例。該公司長年將含有甲基汞的工廠廢水排放入水俣灣。如果能在較早的階段就傾聽居民的意見，設置汞的沉澱槽或廢水處理裝置，就可以防患於未然，費用應該也只要4億日圓就夠了。但是當年因為認為「反正也沒什麼大不了」而輕忽的結果，讓實際費用膨脹到高達317億日圓。

分析的應用

　　在人世間，只要風險或期望值增加到高於所需，對「資訊」的需求就會急速升高。因為大家都想將不確定性所產生的變動幅度抑制在最小。

　　處理中古貨的拍賣市場等等二手市場，對於消費者而言，低價是其魅力所在，但商品的品質則是其「風險」。因此受到重視的會是商品評價等客觀的資訊。

　　以前的中古市場將「不管好壞」視為理所當然，買到幾乎等於廢車的受害者也不在少數。因此，為了提高消費者的

安心感，所以出現以提供中古車資訊做為賣點的《Car Sensor》及《中古車情報》等專門雜誌。現在中古車專賣店也採用此做法，主動提供資訊。

另外，最近市民資訊需求快速提高的就是醫院。以前由擁有國家執照的醫師進行的診療受到市民的信賴與尊敬，但最近相繼爆發醫療疏失，導致一般觀念已將醫療行為轉列為「風險」。書店中大量出現「醫院排名」、「PILL Book」這類書籍，可以說就反映出想規避這類風險的危機意識。

藉由資訊揭露的進步，人們變得可以自己判斷事物的風險或期望值。在品牌、學歷或資格都成為期望值的同時，風險也伴隨而來。所以無論企業或個人，今後主動積極且公平地公開資訊，才是讓周遭的人安心，並獲得信賴的捷徑。

練習｜風險期望值分析

M公司是一家軟體公司，其獨創的產品相當受到好評，所以快速成長。該公司最近擬定策略，才發現其事業價值會因產品營業額成長率而有很大的變動幅度。請參考以下資料回答問題。

	營業額的成長 (%)	發生機率 (%)	事業價值 （億日圓）
樂觀情況	18	25	500
基準情況	5	50	200
悲觀情況	1.5	25	−150

【問題】

1. 思考 3 個情況的發生機率，求取事業價值的期望值。

2. M 公司的社長無論如何希望能避免事業價值變為負數的悲觀情況，因此，向企畫部長下達指示：「找來對市場動向精通的專家，找出使營業額成長緩慢的風險降低的方法。」

　　部長於是找到一位對軟體業界的市場、技術動向瞭若指掌的專家 Q 先生。據 Q 的說法，只要追加導入某種技術的話，就可以阻止競爭對手的反撲，且可將悲觀情況的發生機率壓低為 0%。但是，Q 要求該技術的代價為「相當於風險溢價的報酬」。那麼，M 公司該支付多少酬勞給 Q 才恰當呢？

作者後記
成為問題解決者之路

◆提高解決問題的領導力

我在從事企業經營上的問題解決時，由於涉足顧問諮詢及策略構思技巧訓練等各種型態，偶爾會遇到非常優秀的問題解決者。或者，有時候也許每個人單獨來看並不那麼起眼，但當以團隊合作針對一個問題進行問題解決時，則可能出現令人驚艷的結果。

但另一方面，也有些情況是團體內明明有好幾個優秀的問題解決者，得出的結果卻不是那麼符合期待。其中一個原因就在於將事物相加除以二的平均值化的做法，導致「協調作用」奏效的緣故。另一個原因是，因為被情緒上具說服力的「主張」所征服，結果出現雖然不符邏輯但感覺像是結論的東西。這種情形的結果往往是做出只是表面上好看，但內容卻乏善可陳的策略企畫案居多。

像這樣團隊合作結果發揮負面效果的話，倒不如將團隊作業切換為個人作業，思維容易整理，而且也會出現令人注目的好點子。

以團隊處理問題解決而效果很顯著的時候，是協調作用

很微妙地「不作用」，也不受感性主張所誘惑，而且思考可以多方擴展的情況。要達成這種情況，必須整個團隊可以從零基準而且客觀公平地掌握問題，在共有化的目的下團結成為一體，處理該問題才行。而且該思考必須適當地抵定「擴展」、「深度」與「重要性」，自然就可以做到以團隊進行問題解決的思考。

其中也包括必須摒除由組織上的立場衍生的階層或部門意識，或者不可以認為事不關己而採取無責任感的態度，以致可以達到全部人員皆可自由發言，且主動積極聽取對方意見的氛圍。在這種對問題解決貢獻度高的團隊中，相較於以個人進行問題解決時的品質可以更上一層樓，而且會產生問題解決的團隊動力（team dynamics）。

相對地，以團隊進行問題解決卻只是浪費全部成員的時間，遲遲看不見品質提升的話，就是與上述相反的案例。對於事物進行「why?」（為什麼）的追究，只在很淺的程度就停止思考了，而且時常受到過去經驗或常識的牽絆。在執行共同目的之前，就已經因為過於執著於自己在組織中的立場，而否定自己以外的所有想法，馬上就列出一大串不可行的理由……。像這樣的團隊，是不會產生用於解決問題的正向團隊動力的。

要成功產生團隊動力的要件是，首先不可受制於組織的階層或立場。雖然要完全不受影響恐怕很難，但為了要從零基準發現並解決問題，將牽涉利害關係的「立場」暫時排除

再進行思考，這點非常重要。

　　要創造新的價值並創造出下一次改革的伏筆，就需要這種用於解決問題的團隊動力。我個人稱之為「問題解決的領導力」。並不是指由某個人當領導人，而由其他人執行的那種意思。必須全員以「發現問題的4P」的架構準則，也就是 Purpose（目的軸）、Perspective（空間軸）、Position（立場軸）、Period（時間軸）的4P掌握現實，構思應有的景象，來處理問題解決才行。問題發現的4P發揮「問題解決領導力」，產生正向的團隊動力，在帶領組織整體改革的時候應該會非常有幫助。

　　在各式各樣的機會中互相討論自己、團隊、企業的4P，並加以活用，讓各自該處理的課題能逐步釐清，正是我所樂見的。

◆客觀且公平地看待現實

　　在本書中重複多次提到了構思「應有的景象」的重要性。當然，這的確是非常重要的事情。但是在本書即將寫完的現在，環視周遭後感覺到有些不安。那就是時代的根基主流已經變成不連續且不恆常的潮流，其結果造成「現實」中不透明且看不見前方的不確定性部分逐漸擴大。而在這樣的狀況下，許多人無法好好面對、正視現實，就突然跳到提出「應有的景象」的階段，也就是未經過仔細思考就猛然進入「應有的景象」的案例，逐漸在增加當中。

　　這顯示出「改革很重要」、「不可以受過去所束縛」、「必須打破原有的框架」這類扭曲的觀念。當然，我本身平常也時常談改革的重要性，主張如何下苦心擺脫既有的框架，創造新價值的必要性。但是，我並不是說因為這樣，就可以不正視現實。在這種不透明的時期，在這個必須脫離過去經驗的延長線的時期，客觀且公平地具備毫無遺漏的整體觀去掌握現實以及過去，反而更為重要。否則，只會逃入偏向於空想世界的「應有的景象」，而實際上那種「應有的景象」可能會變成只是紙上談兵的空談。

　　筆者在前一本書中也曾描述的「假說思考」，也就是一種即使在有限的資訊與時間內也要提出結論的問題解決思考法，有時會導致「未正視現狀就以單方面任意的想法付諸行動」的狀態。而且，如果誤以為無論什麼事情都需要以「零基準」進行掌握，有時候會在欠缺客觀性與公平性觀點的「無知」狀態下，冒然進入解決方案。這麼一來，別說想解決了，根本就只會帶來混亂。所謂假說思考不是自以為是，所謂零基準思考也不是無知。因此需要本書第3部所提到的各種分析法。那是有助於客觀且公平地正視現實，而將現實與其他人共有的工具。

　　內文中曾說明假說思考與分析是缺一不可，換句話說，也可以說「應有的景象」與「正視現實」缺一不可。本書中說明的用於「發現問題」的構思力與分析力，是朝向個人的問題發現與解決的路標，同時也是朝向企業整體的問題發現

與解決的路標。如果對於希望改革現狀而且具有潛力的人而言，能夠幫助他的能力與技巧有所提升，這將是我的榮幸。

最後，在寫作本書時受到舟崎隆之先生與木村充先生在支援分析方面許許多多的幫助。另外，哈佛商業評論（Diamond Harvard Business Review）編輯部的上坂伸一總編與出口知史先生提供寶貴的意見，對我助益良多。在此致上最深的謝意。還有絕對不可忘記的是感謝讀過拙著《問題解決的專家》（Diamond 社）及《策略腳本：思考與技術》（東洋經濟新報社）並寄讀者卡給我的讀者們。謝謝你們給予我許多非常率直且寶貴的意見，讓我收穫良多，且從中獲得挑戰新主題的勇氣，真的非常感謝。由於無法向每個人一一致謝，所以藉此機會表達心中誠摯的謝意。

2001 年初秋

Business Collaboration（股）

代表　齋藤嘉則

書　號	書　　　名	作　者	定價
QB1051X	從需求到設計：如何設計出客戶想要的產品（十週年紀念版）	唐納德・高斯、傑拉爾德・溫伯格	580
QB1052C	金字塔原理：思考、寫作、解決問題的邏輯方法	芭芭拉・明托	480
QB1053X	圖解豐田生產方式	豐田生產方式研究會	300
QB1055X	感動力	平野秀典	250
QB1058	溫伯格的軟體管理學：第一級評量（第2卷）	傑拉爾德・溫伯格	800
QB1059C	金字塔原理Ⅱ：培養思考、寫作能力之自主訓練寶典	芭芭拉・明托	450
QB1061	定價思考術	拉斐・穆罕默德	320
QB1062C	發現問題的思考術	齋藤嘉則	450
QB1063	溫伯格的軟體管理學：關照全局的管理作為（第3卷）	傑拉爾德・溫伯格	650
QB1069	領導者，該想什麼？：成為一個真正解決問題的領導者	傑拉爾德・溫伯格	380
QB1070X	你想通了嗎？：解決問題之前，你該思考的6件事	唐納德・高斯、傑拉爾德・溫伯格	320
QB1071X	假說思考：培養邊做邊學的能力，讓你迅速解決問題	內田和成	360
QB1073C	策略思考的技術	齋藤嘉則	450
QB1074	敢說又能說：產生激勵、獲得認同、發揮影響的3i說話術	克里斯多佛・威特	280
QB1075X	學會圖解的第一本書：整理思緒、解決問題的20堂課	久恆啟一	360
QB1076X	策略思考：建立自我獨特的insight，讓你發現前所未見的策略模式	御立尚資	360
QB1080	從負責到當責：我還能做些什麼，把事情做對、做好？	羅傑・康納斯、湯姆・史密斯	380
QB1082X	論點思考：找到問題的源頭，才能解決正確的問題	內田和成	360
QB1083	給設計以靈魂：當現代設計遇見傳統工藝	喜多俊之	350
QB1084	關懷的力量	米爾頓・梅洛夫	250
QB1089	做生意，要快狠準：讓你秒殺成交的完美提案	馬克・喬那	280

書　號	書　名	作　者	定價
QB1091	溫伯格的軟體管理學：擁抱變革（第4卷）	傑拉爾德・溫伯格	980
QB1092	改造會議的技術	宇井克己	280
QB1093	放膽做決策：一個經理人1000天的策略物語	三枝匡	350
QB1094	開放式領導：分享、參與、互動──從辦公室到塗鴉牆，善用社群的新思維	李夏琳	380
QB1095X	華頓商學院的高效談判學（經典紀念版）：讓你成為最好的談判者！	理查・謝爾	430
QB1096	麥肯錫教我的思考武器：從邏輯思考到真正解決問題	安宅和人	320
QB1098	CURATION策展的時代：「串聯」的資訊革命已經開始！	佐佐木俊尚	330
QB1100	Facilitation引導學：創造場域、高效溝通、討論架構化、形成共識，21世紀最重要的專業能力！	堀公俊	350
QB1101	體驗經濟時代（10週年修訂版）：人們正在追尋更多意義，更多感受	約瑟夫・派恩、詹姆斯・吉爾摩	420
QB1102X	最極致的服務最賺錢：麗池卡登、寶格麗、迪士尼都知道，服務要有人情味，讓顧客有回家的感覺	李奧納多・英格雷利、麥卡・所羅門	350
QB1103	輕鬆成交，業務一定要會的提問技術	保羅・雀瑞	280
QB1105	CQ文化智商：全球化的人生、跨文化的職場──在地球村生活與工作的關鍵能力	大衛・湯瑪斯、克爾・印可森	360
QB1107	當責，從停止抱怨開始：克服被害者心態，才能交出成果、達成目標！	羅傑・康納斯、湯瑪斯・史密斯、克雷格・希克曼	380
QB1108	增強你的意志力：教你實現目標、抗拒誘惑的成功心理學	羅伊・鮑梅斯特、約翰・堤爾尼	350
QB1109	Big Data大數據的獲利模式：圖解・案例・策略・實戰	城田真琴	360
QB1110	華頓商學院教你活用數字做決策	理查・蘭柏特	320
QB1111C	V型復甦的經營：只用二年，徹底改造一家公司！	三枝匡	500
QB1112	如何衡量萬事萬物：大數據時代，做好量化決策、分析的有效方法	道格拉斯・哈伯德	480

書　號	書　　　　名	作　　者	定價
QB1114	**永不放棄：我如何打造麥當勞王國**	雷·克洛克、羅伯特·安德森	350
QB1115	**工程、設計與人性**：為什麼成功的設計，都是從失敗開始？	亨利·波卓斯基	400
QB1117	**改變世界的九大演算法**：讓今日電腦無所不能的最強概念	約翰·麥考米克	360
QB1119	**好主管一定要懂的2×3教練法則**：每天2次，每次溝通3分鐘，員工個個變人才	伊藤守	280
QB1120	**Peopleware**：腦力密集產業的人才管理之道（增訂版）	湯姆·狄馬克、提摩西·李斯特	420
QB1121	**創意，從無到有**（中英對照×創意插圖）	楊傑美	280
QB1122	**漲價的技術**：提升產品價值，大膽漲價，才是生存之道	辻井啟作	320
QB1123	**從自己做起，我就是力量**：善用「當責」新哲學，重新定義你的生活態度	羅傑·康納斯、湯姆·史密斯	280
QB1124	**人工智慧的未來**：揭露人類思維的奧祕	雷·庫茲威爾	500
QB1125	**超高齡社會的消費行為學**：掌握中高齡族群心理，洞察銀髮市場新趨勢	村田裕之	360
QB1126	**【戴明管理經典】轉危為安**：管理十四要點的實踐	愛德華·戴明	680
QB1127	**【戴明管理經典】新經濟學**：產、官、學一體適用，回歸人性的經營哲學	愛德華·戴明	450
QB1129	**系統思考**：克服盲點、面對複雜性、見樹又見林的整體思考	唐內拉·梅多斯	450
QB1131	**了解人工智慧的第一本書**：機器人和人工智慧能否取代人類？	松尾豐	360
QB1132	**本田宗一郎自傳**：奔馳的夢想，我的夢想	本田宗一郎	350
QB1133	**BCG頂尖人才培育術**：外商顧問公司讓人才發揮潛力、持續成長的祕密	木村亮示、木山聰	360
QB1134	**馬自達Mazda技術魂**：駕馭的感動，奔馳的祕密	宮本喜一	380
QB1135	**僕人的領導思維**：建立關係、堅持理念、與人性關懷的藝術	麥克斯·帝普雷	300
QB1136	**建立當責文化**：從思考、行動到成果，激發員工主動改變的領導流程	羅傑·康納斯、湯姆·史密斯	380

書　號	書　　名	作　　者	定價
QB1137	黑天鵝經營學：顛覆常識，破解商業世界的異常成功個案	井上達彥	420
QB1138	超好賣的文案銷售術：洞悉消費心理，業務行銷、社群小編、網路寫手必備的銷售寫作指南	安迪‧麥斯蘭	320
QB1139	我懂了！專案管理（2017年新增訂版）	約瑟夫‧希格尼	380
QB1140	策略選擇：掌握解決問題的過程，面對複雜多變的挑戰	馬丁‧瑞夫斯、納特‧漢拿斯、詹美賈亞‧辛哈	480
QB1141	別怕跟老狐狸說話：簡單說、認真聽，學會和你不喜歡的人打交道	堀紘一	320
QB1143	比賽，從心開始：如何建立自信、發揮潛力，學習任何技能的經典方法	提摩西‧高威	330
QB1144	智慧工廠：迎戰資訊科技變革，工廠管理的轉型策略	清威人	420
QB1145	你的大腦決定你是誰：從腦科學、行為經濟學、心理學，了解影響與說服他人的關鍵因素	塔莉‧沙羅特	380
QB1146	如何成為有錢人：富裕人生的心靈智慧	和田裕美	320
QB1147	用數字做決策的思考術：從選擇伴侶到解讀財報，會跑Excel，也要學會用數據分析做更好的決定	GLOBIS商學院著、鈴木健一執筆	450
QB1148	向上管理‧向下管理：埋頭苦幹沒人理，出人頭地有策略，承上啟下、左右逢源的職場聖典	蘿貝塔‧勤斯基‧瑪圖森	380
QB1149	企業改造（修訂版）：組織轉型的管理解謎，改革現場的教戰手冊	三枝匡	550
QB1150	自律就是自由：輕鬆取巧純屬謊言，唯有紀律才是王道	喬可‧威林克	380
QB1151	高績效教練：有效帶人、激發潛力的教練原理與實務（25週年紀念增訂版）	約翰‧惠特默爵士	480
QB1152	科技選擇：如何善用新科技提升人類，而不是淘汰人類？	費維克‧華德瓦、亞歷克斯‧沙基佛	380
QB1153	自駕車革命：改變人類生活、顛覆社會樣貌的科技創新	霍德‧利普森、梅爾芭‧柯曼	480

國家圖書館出版品預行編目資料

發現問題的思考術：正確的設定、分析問題，才
　能真正解決問題／齋藤嘉則著；郭菀琪譯. ‒‒
二版 . ‒‒ 臺北市：經濟新潮社出版：家庭傳媒
城邦分公司發行, 2019.03
　　面；　公分 . ‒‒（經營管理；62）
10週年紀念版
ISBN 978-986-97086-6-1（平裝）

1.決策管理　2.企業管理　3.思考

494.1　　　　　　　　　　　　　　108002873